추천의 글

　여러분이 생각하는 극한 직업은 무엇입니까? 제가 생각하는 극한 직업은 바로 육아입니다. 세상에서 가장 힘들고 고된 일이 바로 애를 키우는 일입니다. 그리고 애를 키우는 엄마 대부분은 초보입니다. 제가 생각하는 육아(育兒)는 育我입니다. 자식을 키우는 것 같지만 사실은 나를 키우는 일입니다. 내 맘대로 안 되는 존재인 아이를 통해 세상일이 만만치 않다는 사실을 배우고 그 과정에서 아이도 부모도 성장한다고 생각합니다. 저자는 오랜 기간 선생님이자 두 아들의 엄마로서 열심히 살아온 사람입니다. 다양한 경험을 통해 아이 문제에 대한 통찰력을 가졌습니다. 어떻게 아이를 키워야 할지 모르겠다면, 이 책이 큰 도움이 될 것입니다.

『고수의 행복 수업』, 『결혼을 공부하라』 저자, 한스컨설팅 대표 **· 한근태**

　저자는 두 아이의 어머니로서뿐만 아니라 오랫동안 학생들을 현장에서 가르치면서 아이들의 생각과 행동을 믿고 지지하며, 간섭과 꾸짖음 대신 응원과 사랑을 보내준 사람입니다. 어머니로서 혹은 교사로서 함께 성장하는 모습을 보여주는 좋은 책이라 생각합니다. 많은 어머니와 학교 현장에 계신 분들이 읽는다면 저와 똑같이 감동을 받게 될 것입니다.

다울심리상담소 **· 현성미 박사**

11년째 엑세스바즈 테라피와 의식 코칭을 해오면서 삶이 힘든 분들의 심리적·정신적 문제들이 관계에서 시작됨을 알 수 있었습니다. 더욱이 태어나면서부터 의지하고 신뢰해야 하는 엄마와의 관계가 첫 단추부터 잘못 채워지면 삶의 고통은 더더욱 커집니다. 만약 엄마와 아이의 관계가 편안하고 가볍고 성공적이라면 어떻게 될까요? 이 책을 통해 엄마로 성장해야 할 많은 분의 삶이 애씀 없이 기쁨과 풍요로 가득해지길 바랍니다.

초민감자브레인힐링센터 대표 · **김권하**

2024년 5월 26일자 CNN 뉴스에 '집에 숨은 외톨이 청년' 한국 24만 명, 일본 150만 명이라는 기사가 실렸습니다. 아이를 낳는 것도 힘든데 키우기는 더 어려운 세상입니다. 그 이유가 무엇일까요? 잘 키우고 싶지만, 그 방법을 알지 못하기 때문이지 않을까요? 이 책은 아이를 잘 키우고 싶지만 잘 키우는 방법을 모르는 부모에게 구체적인 솔루션을 제공합니다. 성공적인 육아를 고민하는 부부에게 훌륭한 지침서가 되어 줄 것으로 믿습니다.

부부해결사 · **정다원**

아이가 줄어들고 경제적으로 풍요로운 시대에 살게 되었지만 어떻게 해야 잘 키우는 건지 잘 모르게 되었습니다. 정보가 넘쳐나서 오히려 어떻게 해야할지 혼란스러운 이 시대, 두 아들의 엄마이자 24년 교사경력 노하우를 한눈에 엿볼 수 있는 책이 나왔습니다. 행복한 아이로 키우고 싶다면 이 책을 꼭 읽어보셔야 합니다.

『나는 마트 대신 부동산에 간다』 저자 • **김유라**

나는 네가
너라서 좋아

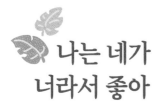

나는 네가
너라서 좋아

초판 인쇄일 2024년 10월 18일
초판 발행일 2024년 10월 25일

지은이 장세영
발행인 박정모
발행처 도서출판 혜지원
등록번호 제9-295호
주소 경기도 파주시 회동길 445-4(문발동 638) 302호
전화 031)955-9221~5
팩스 031)955-9220
홈페이지 www.hyejiwon.co.kr   인스타그램 @hyejiwonbooks

기획 박주미
진행 이찬희
디자인 김보리
영업마케팅 김준범, 서지영
ISBN 979-11-6764-069-7
정가 16,000원

나는 네가
너라서 좋아

장세영 **지음**

두 아들 엄마이자
24년 경력 교사의
행복한 아이 교육법

혜지원

내가 만드는 인생 스토리

저는 인생의 절반 이상을 엄마로 살았고 지금 역시 그러합니다. 때론 선생님, 아내이자 딸, 코치이자 상담사의 역할을 하기도 했지요. 다양한 역할을 경험한 덕분에 나이도, 직군도 천차만별인 사람들을 만날 수 있었고, 그들의 인생사도 엿볼 수 있었습니다. 가진 게 없어도 여유롭게 살아가는 사람도 있었고, 외려 많이 가져서 고통스러운 이들도 있었습니다. 내밀한 속내를 들여다보면 모두가 인간으로서 겪는 괴로움 앞에서는 사는 것이 별반 다르지 않았습니다. 한 가지 분명한 건, 인간이라면 겪어야 하는 삶의 무게와 고통을 묵묵히 잘 견디다 보면 그것이 지혜가 되는 순간들이 온다는 것입니다.

고단했던 순간 저를 버티게 해 준 건 궁금함이었습니다.

'이러한 고통을 겪는 이유가 뭘까? 왜 남도 아닌 가족이 서로 상처를 주고받을까? 학교는 꼭 다녀야 하나? 행복해지려고 결혼했는데 불행한 이유는 뭘까? 내 아이들에게 사교육이 진짜 필요한 걸까?' 이런 자잘한 의문들은 '나는 왜 태어났을까? 나는 누구일까? 나는 어떻게 살아야 할까?'로 이어졌습니다.

지금은 인생이란 어딘가에 닿기 위해 사는 게 아니라는 걸 겨우 알게 된 것 같습니다. 매 순간 최선을 다할 수는 있지만, 인연이란 인간의 힘으로 어찌할 수 있는 영역 너머에 있거든요. 내가 어떤 누군가가 되거나, 무엇을 하거나, 무엇을 가진다고 해서 별처럼 빛나는 것도 아니고요. 이미 나만의 우주에서 가장 빛나는 별임을 그저 모르고 살았던 것뿐이지요. 사람들이 아프고 힘든 건 자기 자신이 있는 그대로 존귀하고 빛나는 존재임을 모르기 때문입니다.

오랫동안 교직에 있으면서 빛을 잃어가고 있는 아이들을 보는 건 가장 마음 아픈 일이었습니다. 많은 아이들이 극심한 학업 스트레스 속에서 끊임없이 남과 자신을 비교합니다. 부모의 기대에 못 미치면 자신을 무가치한 사람으로 여겨 버리기도 하고요. 부모들 역시 삶이 주는 압박 앞에서 휘청거립니다. 나도 아이도 행복하게 살려고 했을 뿐인데 모두가 방향을 잃은 느껌입니다.

이젠 아이도 어른도 모두가 진짜 '나답게' 살아가는 방식을 배워야 할 때입니다. 아이가 행복해지려면 먼저 부모가 바뀌어야 하고요. 힘을 가지고 있는 쪽이 부모이기 때문입니다. 그리고 부모는 자신이 누구인지 알아야 합니다. 자기 자신을 자각하고, '삶'과 '나'라고 믿고 있는 것들을 객관적으로 인지해야 하고요.

자각했다면 스스로 물어보세요. '지금 하는 생각이 사실일까, 내가 하려고 하는 이것을 꼭 해야만 하는 이유가 무엇일까? 내가 이걸 하면 진짜 행복하고 즐거울까? 부모님이 말했던 내 모습이 진짜 내 모습인가? 내가 우리 아이에게 진실을 말하고 있는 건가?' 끊임없이 자신에게 묻다 보면 내가 나라고 믿고 있던 많은 것들이 허상임을 알게 될지도 모릅니다.

마음이 아픈 이유는 이 허상을 진실이라고 믿고 있기 때문입니다. 그 가짜 진실의 꼬리에 꼬리를 물고 들어가면 그 끝에는 대부분 부모, 유독 '엄마'가 묵직하게 자리 잡고 있습니다. 탄생에서 죽음까지 누군가의 삶에 지속해서 영향을 주는 존재는 '엄마'가 유일하니까요. 그래서 엄마가 가장 먼저 바뀌어야 합니다.

대면하기 힘들 수도 있습니다. 변화가 두려울 수도 있습니다. 굳이 왜 그래야 하는지 알고 싶지 않을 수도 있을 것 같습니다. 하지만 엄마들은 위대한 내면의 힘을 가지고 있답니다. 엄마가 자각하고 변화를 선택하는 순간, 가장 먼저 아이가 달라집니다. 그리고 남편도 바뀌겠지요. 선순환이 시작되는 것입니다. 가족 구성원 모두가 서로를 존중하고 함께 배우며 성장하기 시작합니다.

있는 그대로 존귀하고 아름답다는 것을 알게 되면 '누구 엄마, 누구의 남편, 누구의 아내'가 아닌 그저 자기 자신이 됩니다. 엄마가 '자기답게' 살기 시작한다면, 우리 아이들도 '자기답게' 살 수밖에 없습니다. 아이도 어른도 모두가 '나답게' 살아가는 방식을 배우기 시작한다면 우리 모두의 삶은 그 자체로 생생히 빛나지 않을까요?

이 책을 통해 엄마도, 아이들도 자기 자신으로 살기 위한 위대한 여정의 첫발을 내딛기를 간절히 소망해 봅니다.

장세영 올림

4장

문제는 있지만 문제아는 없다

엄마의 솔루션 ❹ 현명하게 아이를 키우는 실전 노하우

⭐ 5장

'나다움'으로 이미 완전한 아이들

엄마의 솔루션 ❺ 아이마다 고유한 '나다움'을 찾아가는 방법 찾기

✳ 6장

아이의 마음을 여는 방법

엄마의 솔루션 ❻ 아이와 관계를 열어가는 찐 소통법

7장

아이와 함께하는 엄마의 동행

엄마의 솔루션 ❼ 행복한 엄마의 느리지만 지혜로운 육아법

★8장

따로 또 함께 모두가 행복하기

엄마의 솔루션 8 행복한 아이의 얼굴이 엄마를 닮은 이유

아이의 모든 걸 알고 싶어
....
욕심낸다 해도 아이는 크면 클수록
....
자신의 세계에
....
부모를 쉽게 초대하지 않습니다.
....
아이도 아이만의 세상이 있고,
....
부모도 부모만의 세상이 있습니다.
....

1장

엄마는 처음이라
모든 게 어려워요

엄마가 된다는 건

저는 지금으로 치면 꽤 이른 나이인 이십 대 중반에 두 아이의 엄마가 되었습니다. 그렇게 누군가에게 엄마로 불리면서산 지 어언 이십 년이 훌쩍 넘었네요. 워킹맘으로 살면서 아들둘을 키운다는 게 생각만큼 쉽지 않더군요. 게다가 엄마이기 이전에 여자로서, 혹은 한 인간으로서 욕망과 의무, 책임과 자유사이에서 갈등도 많았습니다. 그래도 돌이켜보면 엄마로서의삶이 가장 성공적이지 않았나 싶습니다.

'성공'이라는 단어를 직접적으로 갖다 쓰기는 매우 조심스럽습니다. 제 아이들이 모두가 부러워할 만한 대학에 갔다거나높은 연봉을 받는 직업인이 된 건 아니거든요. 물론 미래는 알수 없지만요. 더군다나 제가 잘난 엄마였다는 건 더더욱 아니고요. 오히려 못나고 철없는 엄마였어요. 하지만 육아는 우리가 흔히 생각하는 사회적 잣대로는 측정하기 어렵습니다.

일단 육아育兒를 사전적으로 들여다보면 어린아이를 키운 다는 뜻입니다. 그리고 잘 키운다는 건, 부모가 자녀에게 심리 적, 정신적 안전지대가 되어 주고, 물질적으로도 어려움 없이 지원한다는 뜻이겠지요. 부모로서의 당연한 책무이자 의무를 다하다 보면 어느새 아이는 바람직한 성인으로서 독립하게 됩 니다. 이후로는 동등한 어른으로서 제 역할을 하게 되고, 부모 는 먼발치에서 완벽한 지지자로서 존재하기만 해도 괜찮습니 다. 예전에 법정 스님 강의를 듣는데, '아이가 성인이 되면 동네 옆집 아저씨, 아줌마처럼 지내라'라고 말씀하시더군요. 성인 이 후 자녀와 부모와의 관계를 찰떡같이 비유하신 것 같아 무릎을 쳤던 기억이 납니다.

즉, 제가 성공했다는 의미는 '엄마'에서 '옆집 아줌마'로 무 사히 신분이 변경되었다는 사실과 아이들이 더는 엄마인 저에 게 '아이처럼' 굴지 않는다는 것, 그리고 기나긴 육아의 시간 동 안 서로가 진짜 어른이 되었다는 뜻입니다. 아이들은 생물학적 으로 어른이 되었고, 저는 정신적으로 어른이 되었지요.

처음부터 엄마 역할을 능숙하게 해내기는 쉽지 않습니다. 엄마가 된다는 건 모두에게 첫 경험이니까요. 서툴고 부족하고 못하는 건 당연한 거예요. 그러니 자책하지도, 누군가와 비교하지도 마세요. 무작정 엄마니까 희생할 필요도 없고요. 새로운 배움이 시작되었다고 생각하시면 됩니다. 성장과 조화를 위한 긴 레이스에 이제 첫걸음을 떼었을 뿐이지요.

아이를 키우면서 엄마의 내면이 치유되고 진짜 어른으로 성장할 수 있는 배움의 장이 열리게 되거든요. 그 과정에서 성숙한 인간으로서 타인과 삶 속에 자연스럽게 조화를 이루게 됩니다. 단, 배움에는 지향해야 할 삶의 목표와 피드백, 리얼한 경험이 수반되어야 함을 잊지 마시고, 차근차근 한 발씩 내딛으시길 바랍니다.

아이 때문에 화가 나요

아이를 키우면서 화가 나지 않는다면 아마 이 세상 사람이 아닐 것입니다. 저 역시 아이를 키우면서 화를 냈다 참기를 수십, 수천 번 반복했답니다. 그러다 결국 감정이 폭발한 날이면 늦은 밤, 자는 아이를 보며 눈물을 훔치기도 했었고요.

사실 화를 내는 이유는 상대가 아니라 나에게 있을 가능성이 큽니다. 아침에 늦게 일어나 꾸물대는 아이를 보면 복장이 터지지 않던가요? 등교하는 아이에게 화를 참지 못하고 울린 적은 없나요? 매번 준비물을 놓치거나 물건을 잃어버리는 아이 때문에 화가 난 적은요? 안아 달라고 징징거리는 아이를 보면 견딜 수가 없지 않나요? 혹은 동생이랑 싸우는 첫째를 보면 형이니까 무조건 참으라고 윽박지르지 않았나요?

제 경우에는 아이들이 뭘 해 달라고 보채면 그렇게 화가 났습니다. 초등학교 저학년 아이들은 받아쓰기 시험을 매주 봅니다. 집에서 한두 번 미리 연습해야 하는데 엄마들이 아이들 곁에서 도와주지 않으면 처음부터 잘하기는 아무래도 어렵지요. 아직은 어리니까 말입니다. 그런데 전 그런 것들이 너무 하기 싫은 거예요. 혼자서 알아서 하면 좋을 텐데 자꾸 "엄마! 엄마!" 부르니 짜증이 났어요. 한 번 알려 줬으면 스스로 해야지, 왜 자꾸 엄마를 부르냐고 화를 냈습니다. 아이들을 기쁜 마음으로 도와주는 것이 왜 그렇게 힘들었던지요. 한참이 지나서야 다른 누구도 아닌 제 안의 문제였음을 알게 되었습니다.

부모님은 제가 어렸을 때부터 슈퍼마켓을 하셨고, 그 이후에도 쭉 도매업을 하셨습니다. 항상 바쁘셨던 데다 자녀를 어떻게 양육해야 하는지 알지 못했고, 역시나 어린 시절 애정 어린 사랑과 돌봄을 받은 적이 없었던 분들이셨지요. 항상 저에게는 "네가 알아서 해."라고 하셨고, 제대로 하지 못하면 불호령이 떨어졌어요.

어린 나이의 아이가 할 수 없는 것도 혼자 하라고 하니, 어렸을 적의 저는 항상 외롭고 두려웠어요. 그러면서도 부모님이 무서워 도와 달라고 말해 본 적이 없었던 것 같아요. 그러니 제 아이들이 뭘 해 달라고 하거나 도와 달라고 하면 제 안의 분노가 그대로 수면 위로 떠올랐습니다. "나는 내가 알아서 했는데, 너희들은 왜 그것도 못 하는 거야? 알아듣게 설명했으면 한 번에 척척 해야지, 왜 자꾸 나를 귀찮게 하는 거야?"라고 말입니다. 실은 치유되지 못한 내 안의 상처인데 그걸 모르고 아이들에게 자꾸 화를 냈던 거지요.

우리 내면에는 해결되지 않은 감정적 결핍이 누구에게나 존재합니다. 몸은 훌쩍 자라고 나이는 먹어 어른이 되었지만, 이해받지 못한 감정은 여전히 그때 그 상황에 머물러 있습니다. 그걸 내면 아이라고 부르기도 합니다.

내면 아이는 무의식 깊숙이 숨어 있다가 과거와 비슷한 상황에 닥치면 느닷없이 출몰합니다. 이유는 자기를 봐 달라는 거예요. 충분히 사랑받고 공감받지 못했던 과거의 어린 나는 해결될 때까지 나를 쫓아다니면서 끊임없이 칭얼거립니다.

억압되어 있던 무의식의 상처가 드러난다면 기뻐할 일입니다. 보이지 않던 것이 보이게 되면 쉽게 알아차릴 수가 있으니까요. 반복되는 패턴 속에서 동일한 방식으로 화를 내고 있다면 그때가 내 안의 문제를 직면할 수 있는 가장 좋은 때입니다. 우리가 해야 할 일은 단순합니다. 내면 아이를 알아차리고, 그저 꼭 안아 주면 됩니다.

"네가 그때 속상했구나, 네가 많이 아팠구나, 얼마나 힘들었니? 그동안 아무도 알아주지도 봐주지도 않아서 얼마나 외롭고 슬펐을까? 미안하다. 이젠 내가 너를 잘 돌볼게. 너의 마음을 잘 알아줄게. 이젠 널 혼자 두지 않을게."

화가 나는 순간, 그것이 진짜 아이 때문인지, 내 안의 문제 때문인지 곰곰이 살펴보세요. 같은 상황 속에서 다른 사람들은 멀쩡한데 나만 화가 나고 아프다면 그건 아이로 인한 것이 아닐 가능성이 큽니다. 그걸 모르고 자꾸 아이에게 화를 내다 보면 저처럼 분노가 대물림될지도 모릅니다. 반면, 화를 내야만 하는 상황도 분명히 있습니다. 그때는 이유도 분명해야겠지만, 적절한 방식으로 아이에게 표현도 해야겠지요. 이 부분은 뒤에서 좀 더 자세히 다루도록 할게요.

어찌 되었든, 육아는 내면 아이를 만날 소중한 기회를 자주 제공합니다. 알고도 모른 척 애써 덤덤한 척해도, 아이를 키우다 보면 감춰져 있던 분노가 드러날 수밖에 없거든요. 여전히 두렵고 아픈 어린 시절의 내가 있음을 알아차리고 나면 그 내면 아이와 화해하기가 좀 더 수월해집니다. 그 아이를 만나 보세요. 당신이 만나려고 마음먹는다면 언제든지 내면 아이는 기꺼이 당신을 만날 준비가 되어 있습니다.

모두가 각자의 방식으로

워킹맘으로 18개월 차이 나는 아들 둘을 키운다는 건 체력적, 감정적으로 힘든 일이었습니다. 특히 아이가 아플 때면 이러지도 저러지도 못하면서 발을 동동 굴러야 했지요. 직장과 가정 사이에서 애매한 줄타기를 하며 아슬아슬하게 하루하루를 버텨 가는 느낌이었어요.

그 와중에 '모성'이라는 말은 알게 모르게 큰 압박이 되었습니다. 아이가 태어나면 자연스럽게 샘솟을 줄 알았는데 전혀 아니었거든요. 밤낮도 없이 시도 때도 없이 우는 아이가 하나도 예쁘지 않았어요. 엄마는 제대로 잠을 자지 못해 눈은 퀭하고 머리는 띵합니다. 젖몸살을 앓으니 내내 열이 나고 가슴이 아파 몸을 움직이기도 힘들지요. 팔에서 떨어지지 않는 아이가 사랑스럽기는커녕 귀찮고 힘들기만 할 뿐입니다.

그래도 엄마니까 슈퍼우먼이라도 되어야 하는 줄 알고 무던히도 애를 쓰며 살았습니다. 아이들이 학교에 입학하고 나서는 엄마들 모임에 못 끼면 어떡하나 하는 걱정도 많았지요. 드라마에서 워킹맘 아이들이 과외 수업이나 생일파티에 초대받지 못하는 장면을 보며 덜컥 겁이 났던 게지요.

처음에는 엄마들 모임에 적극적으로 쫓아다녔습니다. 아이들 생일파티인지 엄마들 모임인지 모를 요란한 모임에도 주말마다 얼굴을 내밀고, 학교 행사도 시간을 쪼개 어떻게든 참석하려고 했었어요. 몸은 하나인데 돌보고 신경 써야 할 일들은 점점 늘어만 갔습니다. 슈퍼우먼처럼 모든 일을 거뜬히 해내는 것처럼 보였지만, 실상은 경고등이 깜빡이는 고장 난 자동차와 별반 다르지 않았습니다.

그러다 문득, 어떤 순간에도 아이를 변함없이 사랑하고 있다는 사실이 더 중요하다는 생각이 들었습니다. 그러곤 제 나름의 방식으로 키우겠다고 결심했지요. 그 뒤로는 아이를 학원에 보내야 하지 않겠냐는 비난의 목소리도, 염려도, 주위의 걱정도 저를 흔들지는 못했어요.

짧은 순간이라도 아이들과 있는 동안에는 최선을 다해 어루만지고, 안아 주었지요. 방학이 되면 모든 학원을 다 끊고 아이들과 실컷 놀이를 하고 여행을 다녔어요. 다시는 돌아오지 않을 소중한 순간이라고 생각하니 그 시간에 아이들을 학원에 보내고 싶지 않았거든요.

워킹맘이라고 흔들릴 이유는 없습니다. 불편하고 미안해하지 않아도 됩니다. 각자의 방식으로 자신의 아이들을 사랑하면 됩니다. 아이를 향한 엄마의 사랑에 공식이 필요할까요? 워킹맘이니 전업맘이니 하는 말들조차 부질없습니다. 나가서 일하는 엄마와 일하지 않는 엄마가 사랑하는 방법이 서로 다를 수도 없습니다.

드라마에서 조장한 이미지에 갇혀 아이들을 들들 볶거나, 엄마들 사이의 보이지 않는 벽을 만들어 감정과 에너지를 소진하는 일은 더 이상 없어야 합니다. 모두의 개성이 제각각이듯 아이들을 사랑하고 키우는 방식도 그저 다를 뿐입니다. 그걸 인정한다면 그 이후는 참으로 수월합니다. 남에게 맞출 필요가 없으니까요. 오직 이 세상에는 나만의 방식만이 있을 뿐이지요.

직장을 그만둬야 할까요

이제 사회가 너무나 변했습니다. 이름도 없어 말년이, 개똥이로 불리던 여성들이 어엿이 대학을 졸업하고 전문인이 되었습니다. 남성들보다 더 높은 성적으로 각종 고시를 패스하고 웬만한 상위권 대학의 수석 입학, 졸업도 여성들 차지가 된 지 오래입니다.

그런데 그렇게 똑똑한 여성들이 엄마가 되면 자신의 커리어를 접는 경우가 많습니다. 학부모 상담 기간이 되면 워킹맘들은 아이에게 신경을 쓰지 못해 너무 미안하다고 말합니다. 엄마 역할을 제대로 해내고 있지 못한 것 같은 미안함이 죄책감이 되어 가정과 일 사이에서 방황하게 하지요.

"선생님, 저는 나쁜 엄마인 것 같아요. 아이한테 충분한 사랑을 주지 못하고 있어요. 함께하는 시간도 너무 부족하고요.

회사를 그만둬야 할지 고민돼요."

아이가 4학년이던 지우 엄마가 말합니다. 게다가 지우에게 는 6살 터울이 있는 막냇동생까지 있었거든요. 친정엄마와 남편, 이모의 도움을 받아도 너무나 바쁠 그녀의 일상이 한눈에 그려집니다. 지우는 이제 어느 정도 자기 앞가림을 합니다만, 한창 엄마 사랑이 고픈 둘째를 억지로 떼어내고 출근하는 그녀의 마음은 얼마나 무거울까요?

저는 엄마들에게 좀 더 기다려 보라고 조언합니다. 아이가 청소년기로 접어드는 만 10세가 되면 엄마에게서 저절로 멀어지게 되거든요. 그땐 엄마보다 친구들과 노는 것이 더 즐겁습니다. 자연스러운 분리가 일어나게 되는 것이죠. 물론 충분히 사랑을 주었다는 전제 하에서요. 오히려 사사건건 참견하는 엄마보다 자아실현을 하는 엄마가 아이들에게는 더 멋지고 자랑스럽게 느껴집니다. 저도 둘째가 중학생이 되면서부터는 두 아이에게 지지와 응원을 받으면서 하고 싶은 일들을 맘껏 할 수 있었어요.

엄마이기 이전에 인간으로서 자신의 성장에 힘써야 합니다. 배움에 시간과 정성을 들여야 하고요. 현명하게 일과 양육을 조율해야 하고, 어렵다면 주위 사람들에게 조력을 받아야 합니다. 아이들은 결코 엄마 혼자 힘으로 양육할 수 없습니다. 특히, 엄마가 워킹맘이라면 더더욱 그렇습니다.

엄마는 엄마이기에 위대하기도 하지만, 엄마 이전에 존재 자체로 이미 존귀합니다. 누구누구의 엄마가 되기 위해 내 이름을 버릴 필요도 없습니다. 아이는 엄마의 희생이 아니라 지혜와 사랑을 먹고 자라니까요. 엄마의 성장이야말로 아이에게 가장 좋은 본보기가 될 수 있음을 잊지 마세요.

말을 안 들어요

제가 딱 질색하는 것 하나를 꼽으라면 잔소리입니다. 엄마의 잔소리가 견디기 힘들었던 경험 때문인 것 같습니다. 하루에도 몇 번씩 반복되는 잔소리를 듣다 보면 '열심히 제대로 해야겠다'는 생각이 드는 것이 아니라, 잔소리에 내성이 생겨 듣는 둥 마는 둥 하게 됩니다.

잔소리는 긍정적 효과보다는 부작용을 일으킬 때가 많습니다. 잔소리 덕분에 아이가 공부 잘하게 되었다는 말을 들어 본 적이 있나요? 혹은 아이가 잔소리를 듣고 정신을 차려 자신의 잘못을 깊이 반성했다는 말은요? 아마 없을 겁니다. 잔소리는 아이에게 강한 반발심을 갖게 할 뿐입니다.

저의 큰아이 같은 경우는 혼이 날 때면 영혼이 육체를 이탈한 것처럼 멍한 표정이 되곤 했습니다. "네네." 하고 온순하게 대답은 하는데, 왠지 잔소리하는 입장에서는 맥이 빠지더군요. 아이는 빠르게 잘못을 인정하는 척할수록 고통스러운 시간이 단축된다는 걸 알았던 거지요. 잔소리가 아이의 긍정적인 반응을 끌어낸다고 생각하면 오산입니다. 그럼에도 불구하고 부모는 왜 계속 같은 말을 반복하는 걸까요?

잔소리는 대개가 잘못된 행동에 대한 지적이거나 점검입니다. "똑바로 앉지 못하니? 밥 먹을 때 소리 내지 말라고 했잖니? 숙제했어? 왜 안 했어? 조용히 좀 해라, 뛰지 마라, 좀 얌전히 걸을 수 없니?"와 같은 말들이지요. 계속해서 지적받게 되면 아이는 위축되고 자신감이 떨어집니다. 그래도 잘해 보려고 노력하지만, 같은 잔소리가 반복되면 결국 짜증이 치밀고 부모에게 반발하게 되죠. 물론 아이에게 무조건 잘했다는 말만 할 수도 없고, 부모라면 아이의 행동을 바람직한 방향으로 훈육할 필요가 있습니다.

그렇다면 잔소리는 무엇이고 훈육은 무엇일까요? 둘은 어떻게 다른 걸까요?

첫째로 잔소리는 감정적이지만 훈육은 중립적입니다. 잔소리할 때 부모는 화가 나고 짜증이 섞인 말을 내뱉게 됩니다. 속으로 '도대체 나를 뭐로 아는 거야? 왜 이렇게 말을 안 듣는 거지? 엄마 말을 무시하는군.' 하고 생각하지요.

훈육에는 어떤 감정도 섞이지 않습니다. 오히려 내 아이를 믿고 지지하는 마음이 있습니다. 지적이 아니라 올바른 피드백이 되어야 훈육입니다.

"식당에서 큰 소리로 떠들거나 뛰어다니는 건 다른 사람들에게 실례가 되는 행동이야. 그러니 주영이도 자리에 앉아 조용히 밥을 먹어야 해. 얼른 밥 먹고 나가서 재미있게 놀자."

이렇게 말하는 부모의 언어는 담백합니다. 짜증이나 화를 내는 것이 아니라 그저 있는 사실을 알려 줄 뿐이지요. "너 좀 있다 집에 가서 보자."는 등의 무서운 말로 겁을 주어 일시적으로 아이의 행동을 멈추게 하려는 것이 아닙니다. 혹은 "내가 너 이럴 줄 알았어. 다음부터 너 다시는 데려오지 않을 줄 알아."라며 아이의 존재 자체를 부정하는 것도 아니고요. 단지 올바른 행동이 무엇인지, 그것을 했을 때 아이에게는 어떤 좋은 점이 있는지 자세히 설명해 주면 됩니다. 부모의 말을 제대로 수용했다면 더 이상 잘못된 행동을 반복하지 않겠지요.

둘째로 훈육은 일관적이고 예측할 수 있습니다. 훈육은 엄마의 기분에 따라 어느 날은 허용되고, 어느 날은 금지되는 것이 아닌 일관된 규칙을 따릅니다. 한 번 말했다고 해서 아이가 금세 달라지지는 않습니다. 같은 훈육을 인내심을 갖고 백 번이고 천 번이고 해야 합니다. 비슷한 상황인데 그때마다 다른 말을 한다면 아이는 부모의 권위를 인정하지 못합니다.

어떤 순간이라도 부모의 말은 같아야 합니다. 그러면 아이는 결국 순응할 수밖에 없습니다. 자기 행동에 어떤 반응이 올 것이라는 결과가 예측되거든요. 만약 그렇지 않다면 아이는 점점 혼란스러워지고 제멋대로 굴게 되겠지요. 당연히 부모의 말도 신뢰하지 않게 될 거고요.

부모의 말을 신뢰할 수 있을 때 아이도 진심으로 귀를 열게 됩니다. 자신의 잘못된 행동을 교정하지 않을 경우, 어떤 일이 생길지 짐작 가능하니 변하지 않을 도리가 없겠지요. 100번의 잔소리보다 부모의 엄한 말 한마디가 더 큰 효과가 있습니다. 부모가 말은 줄이되 아이에게 일관성 있는 태도를 보이는 것이야말로 아이를 변화시키는 가장 중요한 열쇠인 셈이지요.

학원비 때문에 허리가 휘어요

사교육비로 가계가 휘청거린다는 뉴스는 어제 오늘의 일이 아닙니다. 2020년도 통계청 자료에 따르면 2020년 초등학생은 인당 31.8만 원, 중학생은 49.2만 원, 고등학생이 되면 64만 원의 사교육비를 매월 지출한다고 합니다. 아마 상위권 학생이라면 그보다 더 큰 비용이 들겠지요. 아이가 원할 때 이루어지는 교육이라면 바람직합니다만, 그럼에도 불구하고 사교육이 가계에서 차지하는 부담은 상당한 것 같습니다.

공립학교 교사였던 저도 학부모들이 조언을 구하면 꼭 필요한 경우 사교육을 권하기도 했었어요. 제 아이들도 방과 후 다양한 사교육을 경험했고요. 하지만 문제는 그저 친구들이 가니까, 엄마가 가라고 하니까, 안 가면 불안하니까 학원을 다니는 경우가 많다는 거지요. 초등학교 저학년부터 이루어진 선행

학습은 오히려 아이의 지적 호기심을 저해하거나 집중력을 떨어뜨리기도 합니다. 그런데도 비싼 비용을 들여가면서 사교육에 동참하는 이유는 뭘까요?

부모들이 시대의 불안을 자신의 것으로 인식하기 때문입니다. 언제나 불안은 존재합니다만, 최근 100년을 돌아보면 우리나라는 좀처럼 볼 수 없는 격변의 시기를 지나왔고, 생존을 위한 절체절명의 위기들이 많았습니다. 먹거리가 없는 좁은 땅덩어리에서 배우지 않으면 살 수 없었고, 남들보다 잘나지 않으면 소위 출세라는 건 하기 어려웠습니다. 일류 대학 졸업장이 평생 내세울 만한 명함이 되었으니 어찌 보면 가성비가 좋은 선택일 수도 있었겠다는 생각이 듭니다.

이렇듯 시대 불안은 부모님 세대에서 자녀로, 또 그 자녀로 이어졌습니다. 무엇이 잘사는 것인지에 대해 곱씹어 볼 겨를도 없이 말입니다. 지금은 더 이상 생존을 걱정하지 않아도 되는 시대가 되었습니다. '무엇이 되느냐'보다 '어떻게 사느냐'가 중요한 웰빙의 시대가 되었지요. '행복한 삶'이 진짜 중요한 인생의 화두가 된 것입니다. 하지만 '행복은 성적순'이라는 고정관념에 매여 있는 한 아이들은 여전히 학원에 가야 하고, 부모들은 사교육으로 허리가 휘고, 안정적인 노후는 물 건너가 버립니다.

아이가 아직 초등학생이라면 무조건 사교육을 시키기보다는 일단 공부에 자신감을 가지게끔 하는 게 가장 중요합니다. 어떤 도전적인 과제가 주어져도 '할 수 있다'라는 마음이 있다면 시기가 언제가 되었든 결국 해낼 수 있으니까요.

하지만 이른 나이부터 성적에만 초점을 맞추고 아이를 이 학원 저 학원 돌리거나, 아이가 가진 능력 이상으로 공부를 강제하다 보면 결국 공부에 대한 부정적 마인드가 형성되고 자신감마저 잃게 됩니다. 소를 물가에 끌고 갈 수는 있어도, 물을 억지로 먹일 수는 없지요. 아무리 공부가 인생에서 중요하다고 말해도 이미 공부나 학원에 질려 버린 아이는 뒷걸음질 치며 겁을 내고 포기해 버리거든요. 그걸 리셋하는 데는 오히려 더 많은 수고가 듭니다.

초등학교까지는 성적이 중상위권 정도로 유지된다면 그리 점수에 연연할 필요는 없습니다. 대신 아이 성적이 갑자기 떨어졌다면 원인이 무엇 때문인지, 평소 학습 태도는 어떤지, 수업 시간 집중력이 어떤지, 과목별 선호도가 어떻게 되는지 관심을 가져야겠지요. 핸드폰으로 매일 발송되는 담임교사의 알림장을 체크하는 것도 중요합니다.

수행평가 시기가 오면 엄마가 좀 더 관심을 두고 챙겨주는 것이 좋아요. 고학년이 되면 아이 스스로 준비할 수 있겠지만, 그렇게 될 때까지는 엄마가 처음부터 차근차근 도와주어야 합니다. 단원 평가 점수도 꼭 확인하세요. 무엇이 어렵고 재밌었는지 대화를 나누어 보고 필요하다면 엄마가 직접 도와줄 수도 있고 학원에 갈 수도 있겠지요. 학기별로 정해진 상담 기간에 참석해서 아이의 수업 태도가 어떤지도 물어보시고요. 혹은 무료로 제공하는 여러 가지 진단 도구를 활용해 아이의 성향이나 기질을 파악하는 것도 좋겠지요.

부모가 아이에게 어떤 도움을 줄 수 있는지 항상 고민해야 합니다. 너무 방심하면 적기를 놓치고, 너무 과하면 공부에 질려 버리니 그 중간을 찾기가 쉽지는 않습니다만, 모든 피드백을 종합해서 아이에게 꼭 필요한 것들을 도와주시길 바랍니다.

우린 엄마이고, 한 사람을 길러낸다는 건 그 어떤 것과도 비견할 수 없는 고귀한 일입니다. 처음부터 쉬울 리 만무합니다. 어렵고 힘들다고, 뭘 해야 할지 몰라 막막하다고 엄마의 역할을 너무 쉽게 학원이나 학교에 양도해 버려서는 안 되겠지요. 육아는 엄마와 아이가 함께 배우는 기나긴 레이스예요. 그 과정을 그저 묵묵히 해 나가는 수밖에 도리가 없어요.

'그래도 아이 성적이 안 나와서 불안해요, 제가 가르치기에는 역부족이에요, 아이도 학원에 가고 싶어 해요.'라고 말한다면 꼭 학원에 가야 하는 이유들을 찾아보세요. 물건을 하나 사려고 해도 꼼꼼하게 댓글을 읽고, 가격도 비교하고 여러 번 고민하잖아요. 근데 우리 아이의 배움과 관련해서는 '어디 학원이 좋다더라, 지금 이거 안 하면 큰일 난다더라, 옆집 전교 1등도 거기 다닌다더라'하는 근거 없는 '카더라'에 현혹되어 쉽게 결정을 내리곤 합니다. 그걸 배워야 하는 주체인 아이는 뒷전에 밀려 버린 채 말이지요.

아이와 부모 모두 제대로 배우고 성장하려면 균형을 잘 맞춰야 합니다. 필요치 않은, 원치 않는 사교육으로 가정이 휘청거리거나 부모의 노후가 위협받아서는 안 될 일이에요. '내가 널 어떻게 키웠는데 이럴 수 있니?'라고 되묻는다면 미래의 아이들은 어떤 대답을 할까요. 이제 그런 대사는 드라마에서도 좀처럼 보기 힘든 시대가 되지 않았나 싶습니다. 아이들이 '잘 키워 주셔서 감사드려요'라고 말하는 건 부모가 제대로 된 관심과 사랑으로 돌볼 때라야 가능한 일이겠지요.

매일 놀아 달래요

　민정 씨는 대기업 과장입니다. 주변 사람들을 세심하게 돌보고 일 처리도 야무지니 따르는 사람들이 많습니다. 게다가 가까이 계신 부모님이 하나뿐인 딸 양육에 적극적으로 도움을 주고 계셔서 가정생활과 일 모두 만족스럽게 해내고 있습니다. 친구같은 남편과도 무난하게 잘 지내니 걱정거리가 없을 것 같네요.

　그런 그녀에게도 어려운 것이 하나 있었습니다. 그건 바로 하나뿐인 딸과 놀아주기입니다. 딸이 어렸을 때부터 놀아 달라고 하면 머릿속이 하얘지곤 했습니다. 어떻게 놀아주는지 배운 적도 없고, 알지도 못하니 우물쭈물, 머뭇거렸지요. 십 분만 놀아주어도 곧 몸이 녹초가 되었습니다.

　민정 씨는 사실 엄마와 그리 살갑지 않습니다. 늦은 나이에 민정 씨를 낳은 엄마는 언제나 아이 돌보기를 힘들어했고, 언니가 가끔 그녀를 돌봐주었지만, 나이 차가 많이 나서 또래처럼 제대로 놀아 본 기억은 없습니다. 그렇다고 민정 씨가 엄마를 싫어한다거나 무서워하는 건 아닙니다. 여전히 반찬이며 먹거리를 바리바리 싸주는 엄마에게 고맙고 미안한 마음이지만, 엄마와 함께 있으면 뭔가 어색합니다.

민정 씨의 친정 가족은 그 시절 모두가 그랬듯 사는 게 바빠 가족 여행을 가거나 외식을 해 본 적도 없습니다. 서로가 익숙하고 편안하게 일상의 대화를 한 적도 없고요. 그러니 민정 씨가 자신의 아이들과 대화하고 노는 법을 모르는 건 어찌 보면 당연한 일이지요.

하지만 아이들과 놀아주는 건 회사 일처럼 의무적으로 할 필요가 없습니다. 어떤 정해진 프로세스가 있거나 합격, 불합격이 있는 것도 아닙니다. 아이들의 눈높이에서 그들이 하자는 대로 그냥 쫓아가기만 해도 괜찮습니다. 이참에 5살의 나로 다시 돌아가 보는 건 어떨까요?

아이가 병원 놀이를 하자고 하면 서로 역할을 바꿔 놀아 보세요. 그리고 엄마, 아빠가 하고 싶은 놀이도 제안해 보세요. 어린 시절 재밌었던 놀이가 떠오른다면 그걸 해 보세요. 저는 아이들에게 제가 즐겨 했던 공기놀이와 실뜨기를 가르쳐 주었는데 나중에는 아이들이 훨씬 더 잘하더라고요. 주말이면 풍선에 물을 넣고 욕실에서 한참을 놀기도 하고, 쿠키 반죽을 사 와 아이들이 원하는 다양한 모양의 과자를 만들기도 했어요. 어떤 날은 하루 종일 가위바위보를 하기도 하고, 비행기를 수십 개 접기도 했었지요.

어른들의 눈으로 보면 '저게 뭐가 재미있을까?' 싶지만, 아이들은 구슬이나 딱지, 인형만으로도 온종일 놀 수 있습니다. 그냥 특별한 뭔가를 해서, 그걸 잘해서 즐거운 게 아니에요. 노는 것 자체가 즐거운 거지요.

아이들이 놀아 달라고 하면 어른들은 뭔가 대단한 걸 해 줘야 하나 싶어 마음이 불안해집니다. 그렇다고 아이들이 원할 때마다 워터파크나 놀이공원을 갈 수 있는 게 아니잖아요. 아이들은 엄마 아빠와 하는 아주 사소한 거라도 함께 하는 것만으로 즐겁다고 생각합니다. 그러니 노력하고 애써서 뭘 더 해 주려고 하지 않아도 괜찮답니다.

아이를 가르치려는 마음도 내려놓으세요. 놀이는 훈육이 아닙니다. 놀이는 서로가 행복하고 즐거운 경험을 공유하는 것입니다. 어른들은 그런 놀이를 해 본 적이 너무나 오래되어서 몽땅 잊어버렸을 수도 있습니다. 하지만 우리 아이에 대해 정말 제대로 알고 싶다면 아이와 일단 놀아 보세요.

리차드 링가드는 '1년 동안 대화하는 것보다 1시간 노는 것이 누군가에 대해서 더 잘 알 수 있다.'라고도 말했습니다. 놀이가 어른과 아이 모두에게 새로운 장을 열어 줄지도 모릅니다. 부모가 알지 못했던 아이의 모습을 알게 될 수도 있고, 아이의 성향과 무의식적으로 툭 내뱉는 말을 통해 생각과 느낌을 엿볼 수도 있겠지요. 그렇게 되면 한층 아이를 더 잘 이해할 수 있을 거예요. 그리고 함께 공유하는 추억이 차곡차곡 쌓이게 되겠지요.

자신의 불편했던 마음을 알아차린 민정 씨는 아이와 놀아준다라는 생각을 버리기로 마음먹었지요. 그리고 아이와 노는 그 시간에 자신을 내맡기기 시작했답니다. 그냥 놀 뿐이지요. 그러면서 아이와 공통된 취미를 찾게 되었어요. 지금은 아이와 함께 인형 옷과 인형의 집을 원 없이 만들고 있답니다. 그 시절 형편이 안 되어, 혹은 같이 놀 친구가 없어 하지 못했던 그걸 말이지요. 이젠 민정 씨의 내면 아이도 기쁨으로 신나게 춤추고 있지 않을까요.

아이 속을 모르겠어요

자신의 침대에 편안하게 누워 스마트폰을 만지작거리는 아들 녀석을 봅니다. 무슨 재미난 일이 있어 저리 싱글벙글할까요? 어떤 날은 뾰로통하게 입술이 잔뜩 튀어나와선 자기 방에서 한참을 나오지 않습니다.

"아들, 뭐 하니? 나와서 과일 좀 먹어."

"네."

대답한 지 한참을 지나도 아이 모습은 코빼기도 볼 수 없습니다. 친구들과 낄낄거리며 게임을 하거나 통화하는 게 더 재밌을 테지요.

부모가 아이의 모든 것을 다 알 수 없고, 다 알 필요도 없습니다. 아이가 내 것이라 생각하면 아이는 소유물이 됩니다. 모든 것을 다 알아야 하고, 사소한 결정에도 부모가 참견해야 마음이 놓이겠지요.

아이의 모든 걸 알고 싶다 욕심낸다 해도 아이는 크면 클수록 자신의 세계에 부모를 쉽게 초대하지 않습니다. 아이도 아이만의 세상이 있고, 부모도 부모만의 세상이 있습니다. 동일한 삶을 사는 것 같아도 느끼고 경험하고 기억하는 모든 것이 다르지요. 저는 아들들이 어떤 세상에서 사는지 잘 모릅니다. 친구도 일부만 알 뿐이고, 지금은 성인이 된 그들의 중요한 일상을 간혹 인스타로 접할 뿐입니다(언팔하지 않으니 그나마 다행입니다). 그래도 괜찮습니다. 그들의 세상은 그들의 것이니까요.

간혹 엄마들이 말 없는 자녀들 때문에 답답하다고 합니다. 학교에서 어떻게 지냈는지 물으면 '응, 좋았어.', 친구랑 잘 지냈는지 물어도 '응, 잘 지냈어.' 단답형으로 끝내는 친구들이 종종 있거든요. 뭘 좀 더 알고 싶고 궁금한데 아이들은 꿀 먹은 벙어리가 되어 좀처럼 입을 열지 않습니다. 그래도 아이들이 자신의 세상을 말하지 않는다고 섭섭해하지 마세요. 쫑알쫑알 떠들지 않는다고 아이들이 뭘 숨기거나 문제가 있는 게 아닌가 하는 섣부른 판단도 금물입니다.

아이들은 자신의 세상 속에서 이미 주인공으로 살아가고 있을 가능성이 큽니다. 각자의 세상은 그대로 존중해야지요. 아이들의 생각이 확장되어 그들의 세계가 넓어질 수 있도록 부모 역시 자신의 세상에 두 발을 단단히 딛고 서 있으면 그것으로 충분합니다.

"한 명의 좋은 어머니는 100명의
교사만큼 가치가 있다."

조지 하버트 팔머(George Herbert Palmet)

엄마는 언제나 아이들의 퀘렌시아가

될 수 있습니다. 소박한 밥상을 마주하고

엄마와 이야기를 나누는 시간이 아이들에게는

그 무엇과도 견줄 수 없는 충만한

시간이 될 거예요.

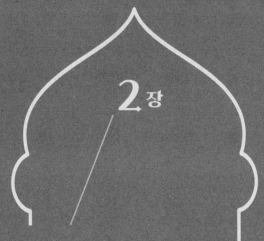

2장

엄마로 불리는
마법의 순간

엄마의 느낌은 뭘까

양육에 있어 엄마의 따뜻한 사랑이 얼마나 중요한지 큰 시사점을 준 실험이 있습니다. 1900년대 초반, 심리학을 이끌던 주요 사상은 정신분석과 행동주의였습니다. 정신분석은 프로이트, 행동주의는 존 왓슨이 대표적인 학자인데요, 스탠퍼드 대학교 교수였던 해리 할로우(Harry Harlow)가 제자들과 함께 이에 반기를 들 만한 실험을 시작합니다.

처음에는 감염 차단을 목적으로 태어난 지 몇 시간 되지 않은 새끼 원숭이들을 어미와 격리해 돌보기 시작했어요. 그런데, 어미와 떨어져 지냈던 새끼들이 무리에 섞였을 때 매우 무기력하고 사회성이 떨어짐을 목격합니다. 놀라운 건 새끼 원숭이들이 불안감에 휩싸이면 실험실 바닥에 깔아 두었던 헌 기저귀를 꼭 잡고 놓지 않았던 거예요.

할로우는 이에 착안해 '모유 가설' 실험을 시작합니다. 새끼 원숭이들에게 젖이 나오는 인공 튜브를 단 철사 어미와 젖이 나오지 않는 부드러운 테리천 어미를 주고 누구를 선택하는지 관찰한 거예요.

과연 이들은 어떻게 했을까요? 새끼들은 생존을 위해 철사 어미에게 가서 젖을 먹어야 했지만, 금세 테리천 어미로 돌아갔습니다. 대부분의 시간을 테리천 어미 주위에 머무르거나 매달리면서 보냈지요.

할로 박사의 '원숭이 실험'에서 보듯, 피부에 닿는 따뜻한 어루만짐은 안정감을 느끼게 합니다. 붉은털원숭이조차 생존 이상의 것, 즉 타인으로부터의 따뜻하고 포근한 느낌을 원한다는 것을 알 수 있습니다. 하물며 인간은 두말할 필요도 없죠.

에릭슨(Erik Erikson) 역시 영유아기 '신뢰'의 중요성을 말한 발달심리학자입니다. 신뢰를 '타인에 대한 기본적인 믿음뿐 아니라 자신의 가치에 대한 느낌'이라고 정의했답니다. 생애 초기, 엄마와의 관계를 전 생애 타인과 자신을 향한 신뢰의 초석으로 보았지요.

울음을 통해서밖에 자신의 감정을 표현할 수 없는 아이가 아무리 울어도 반응이 없다면 어떻게 될까요? 어떤 생존의 무기도 없이 맨몸으로 덜렁 세상에 내던져진 아이가 사랑 없이 방치된다면 어떻게 될까요? 한없는 무기력과 좌절로 아이는 세상과 벽을 쌓게 되겠지요.

아이를 향한 스킨십은 부족함이 없어야 합니다. 아이가 원할 때 언제든지 넘치도록 주어야 합니다. 부드럽게 배를 문질러 주던 엄마의 따뜻한 손길, 간지럼을 태우던 아빠의 까끌한 턱수염, 아플 때 꼬옥 안아 주던 엄마의 포근한 가슴, 아이의 피부로 닿는 부모의 모든 느낌과 감촉은 아이의 마음에 깊은 사랑으로 남습니다.

엄마와 떨어지기만 해도 자지러지듯 우는 시기는 그리 길지 않습니다. 젖 냄새 나던 아이가 쿰쿰한 땀 냄새 나는 사춘기로 변하기까지 시간은 빛처럼 빠르더군요. 아이가 원할 때 원하는 것을 주세요. 따뜻한 스킨십과 눈빛만으로도 아이는 진실한 관계의 전부를 배우게 됩니다. 사랑이 넘치는 아이가 될 거예요. 그런 아이들은 어디를 가든 스스로 빛이 난답니다.

애착, 엄마와 아이를 잇는 연결고리

애착 이론에서는 어린 시절 아기와 엄마의 관계 맺기가 성인이 되어서까지 지속적으로 영향을 미친다고 말합니다. 특히 태어나서 18개월까지는 애착 형성의 결정적 시기입니다. 이때 맺은 엄마 혹은 가까운 사람과의 감정적 유대는 성인이 된 후 세상을 대하는 태도나 방식, 타인과의 관계 형성에 많은 영향을 미치게 되지요.

엄마와 한 몸처럼 붙어 지내며 돌봄을 받던 아이는 생후 6~7개월이 되면 분리불안을 겪게 됩니다. 낯선 사람을 보면 경계하고 엄마와 떨어지지 않으려고 하지요. 저도 이 시기에 한시도 떨어지지 않으려는 아이 때문에 화장실 문을 열어놓고 볼일을 보거나, 대충 국에 밥을 말아 먹었던 기억이 납니다.

대개 분리불안은 3세까지 지속되지만, 엄마와의 애착이 끈

끈하게 형성되면 점차 사라집니다. 아기는 엄마가 눈에 보이지 않아도 언젠가 자기에게 다시 돌아와 사랑과 보살핌을 줄 것이라고 믿게 되지요. 안정감 속에 엄마와의 신뢰를 형성하게 되는 것입니다. 언제 어디서든 울면 달래주고 얼러주는 엄마와의 따뜻한 접촉을 통해 아이들은 세상을 안전한 곳으로 믿기 시작합니다.

하지만 반대의 경우도 있습니다. 불완전 애착을 경험한 아이들은 타인을 믿지 못하거나 과잉 행동을 하기도 하고, 타인이나 자신의 감정에 무감각해지기도 합니다. 사춘기가 되면 '도대체 엄마가 나에게 해 준 게 뭐냐'며 격렬하게 반항하기도 하지요. 엄마의 느낌을 대신할 수 있는 무언가에 집착하기도 하고요. 이러한 불안은 성인이 되어서도 계속됩니다. 술이나 담배에 중독되는 예도 많고, 적절한 인간관계를 맺지 못해 반복되는 불행의 덫에 빠지기도 하지요.

무조건적인 사랑으로 맺어진 엄마와 아이의 애착은 아이에게 세상을 살아가는 든든한 버팀목이 됩니다. 최소한 출생 후 3년 동안 아이에게 완전하게 몰입해 보세요. 이때 받은 사랑은 아이들에게 평생 살아가는 밑천이 됩니다. 가장 중요한 것을 적기에 주지 못한다면 평생을 두고 후회할 일이 생길지도 모릅니다.

저의 경우에는 작은 아이가 만 3세가 되는 대략 5년 동안 영순위는 무조건 아이들이었습니다. 회식이 있어도 웬만해선 가지 않았고, 배우고 싶거나 하고 싶은 게 있어도 뒤로 미뤘습니다. 친구들과 여행도 가고 싶고, 퇴근 후 시원한 맥주도 마시고 싶은 그런 마음이 왜 없었겠습니까. 하지만 몸과 시간은 한정되어 있었기 때문에 그 모든 걸 다 한다는 건 불가능에 가까운 일이었지요.

그래서 일단은 엄마 역할에 충실해지기로 했습니다. 퇴근 후에는 무조건 아이들과 함께 지내려 했고, 쉬는 날이면 아이들과 하루 종일 붙어서 빈둥거렸습니다. 그 당시 제가 잠시 보류한 것들은 언제고 다시 할 수 있는 것들입니다. 하지만 아이들의 어린 시절, 특히 안정 애착을 위한 그 3년은 절대 되돌릴 수 없는 시간이거든요.

엄마바라기였던 둘째 녀석은 중학교에 가서야 제 방에서 혼자 자기 시작해 애를 먹었지만 이젠 두 아이 모두 친구들이 더 좋을 나이가 되었습니다. 애착 형성의 적기를 잘 보낸 덕분인지 아이들은 다행히도 밝고 긍정적으로 자랐어요. 친구들과도 두루두루 잘 지내니 학창 시절 내내 반장, 부반장은 도맡아 했지요. 성적으로 고민할지언정 아이들 교우관계로 고민한 적은 없었던 것 같아요.

의무감으로 그 시간을 버텨내려고 했다면 아마 에너지가 금세 소진되고 말았을 거예요. 육체적으로 자유롭지 못하니 답답할 때도 많았고요. 하지만 아이가 선사하는 모든 새로움과 경이는 그것을 상쇄하고도 남았습니다. 그 순간이 아니면 경험하기 어려운 육아의 기쁨을 올곧이 누리는 시간을 보내시길 바랍니다. 사랑으로 충만한 아이들로부터 오히려 부모가 더 많은 사랑을 받게 될지도 모릅니다.

나를 비추는 거울, 아이

인간에게는 거울 뉴런, 즉 거울 신경 세포라는 것이 있습니다. 이탈리아의 신경심리학자 자코모 리촐라티(Giacomo Rizzolatti) 교수에 의해 발견된 세포입니다. 다른 사람의 행동을 거울처럼 따라 한다고 해서 붙여진 이름이지요. 눈물을 흘리는 사람을 보고 따라 운다거나, 나도 모르게 상대방의 특정 행동을 따라 하게 만들어 일종의 공감 세포라고도 불립니다.

우리 아이들이 가장 먼저 대면하는 사람은 부모입니다. 특히 엄마라고 할 수 있겠죠. 생의 경험이 전무한 그들에게 엄마의 웃음, 미소, 말투 그 모든 것들이 모방의 대상이 됩니다. 아이들의 거울 신경 세포는 엄마의 얼굴을 보며 사랑을 배워 갑니다. 수유나 포옹, 끌어안음과 같은 접촉을 통해 본능적으로 엄마의 감정을 읽습니다.

엄마의 부드러운 미소와 터치는 아이들에게 사랑을 불어넣고 온기를 전합니다. 아이들은 엄마가 전한 온화한 느낌을 거울처럼 세상에 반사하지요. 반대로 자신들의 존재 자체가 엄마로부터 거부당하고 방치된 아이들은 사랑을 배울 기회가 없습니다. 엄마의 우울은 그대로 아이에게 전해지고, 두려움과 분노도 스펀지처럼 흡수합니다.

수년 전 교사로 근무하면서 만났던 태민이는 몸집이 작고 항상 몸을 웅크리고 다니던 아이였습니다. 표정이 어둡고 뭔가 잔뜩 주눅이 들어 있는 모습이었어요. 모자를 푹 눌러쓰고 말도 대충 웅얼웅얼합니다. 왜 그런가 보니 엄마가 우울증으로 아이들을 거의 방치한 상태였어요. 집 나간 아빠는 감감무소식이고요. 태민이에게 세상은 우울하고 두려운 곳입니다. 부모로부터 사랑을 배운 적이 없어 그걸 어떻게 표현하는지도 모르지요.

아이들은 말 그대로 부모의 거울입니다. 아무리 그럴싸하게 감춰도 부모의 불안과 표정을 아이들은 그대로 느낍니다. 엄마의 싸늘함도, 짜증과 한숨도, 걱정과 우울마저도 아이들은 있는 그대로 비춥니다. 부모의 서늘함을 아이가 그대로 닮아 버리기도 하고요.

시간이 필요한 것도, 돈이 많이 드는 것도 아닙니다. 내 아이가 행복하기를 바란다면 그저 따뜻한 미소로 아이를 바라보세요. 행복한 엄마로부터 사랑을 배운 아이는 이미 행복한 아이입니다. 행복을 찾아 멀리 돌아갈 필요도 없지요.

지금 우리 아이의 표정은 어떤가요? 잔뜩 화가 나 있나요? 아니면 무기력하고 매사 모든 걸 귀찮아하나요? 언제나 깔깔거리며 환하게 웃는 아이인가요? 그 어떤 모습이든지 그 얼굴이 바로 엄마의 얼굴과 똑 닮아 있음을 잊지 마세요.

엄마의 행복이 모두의 행복

7살 아들 민재를 키우고 있는 정희 씨가 너무 힘들다고 합니다. 퇴근이 늦은 남편 때문에 아이를 홀로 돌보기가 벅차다는 거예요. 게다가 정희 씨는 민재를 영어 유치원에 보냈는데요, 아이는 영어 유치원을 싫어합니다. 영어로 말하지 않으면 선생님은 자꾸 뭐라고 하는 데다가 7살 아이가 해야 할 숙제도 너무나 많습니다.

매일매일 해야 하는 숙제는 오롯이 정희 씨의 몫이 됩니다. 하루 종일 회사에서 일하고 지친 몸으로 퇴근해도 쉴 수 없습니다. 아이를 픽업하고, 저녁을 해결하면 아이 숙제가 기다리고 있으니까요. 하기 싫어 꾸물거리며 몸을 꼬는 아이를 보니 짜증이 납니다. 정희 씨 말이 곱게 나올 리가 만무하죠. 버럭 소리를 지르니 결국 아이는 울음을 터트립니다.

매일 저녁 비슷한 풍경이 펼쳐집니다. 힘든 육아로 인해 예민해진 정희 씨는 퇴근한 남편과도 날카롭게 부딪힙니다. 부모의 날 선 대화를 들으면 아이는 꼭 자기 잘못인 것만 같아 점점 더 움츠러듭니다. 이 모든 일이 아이와 엄마, 남편에게 유익하지 않은 방향으로 흘러가고 있습니다. 그 누구도 행복하지 않은 것 같았어요.

정희 씨와 코칭을 하면서 '엄마인 내가 일단 행복해져야 한다.'라는 공감대를 갖고 무엇을 하면 행복할지 이야기를 나누어 보았습니다. 아이가 너무나 다니기 싫어하는 영어 유치원은 그만두기로 했어요. 대신 그만큼 절약된 비용으로 퇴근 후 아이를 봐줄 아주머니를 구하기로 했답니다. 정희 씨는 퇴근 후에 1~2시간 정도 혼자만의 시간을 갖고 싶다고 했어요. 필라테스나 요가, 혹은 산책하면서 쉬고 싶다고요.

생각한 것을 실천하기까지는 여러 가지 자잘한 갈등도 있었고 변수도 많았답니다. 그렇지만 목적이 확실하면 해결 방법이 생기기 마련이지요. 남편과 마음을 터놓고 이야기한 끝에 지금은 주말이면 잠깐이지만 혼자만의 쉬는 시간도 갖게 되었고, 주중에는 이모님의 도움으로 가사에서도 어느 정도 벗어나게 되었지요. 주변 사람들의 도움으로 심리적인 안정감을 갖게 된 정희 씨는 한결 육아에 여유를 갖게 되었습니다. 엄마의 돌봄을 받으면서 아이 역시 그만두려던 유치원을 무사히 졸업하게 되었지요. 지금은 어엿한 초등학생이 되었답니다.

엄마가 정서적, 육체적으로 회복되면 아이에게도 너그러워질 수밖에 없답니다. 여전히 신경 써야 할 일은 많고 독박 육아는 피할 길이 없지만 예전보다는 한층 여유와 자신감을 갖게 되지요. 엄마에게도 정말이지 충전을 위한 시간이 필요합니다. 자기가 지금 무엇을 원하는지, 뭘 해야 행복한지 모른다면 주변 사람들도 결국 함께 힘들어지니까요.

일단, 집 안에 엄마인 내가 온전히 쉴 수 있는 공간을 만드세요. 햇빛이 잘 비치는 곳에 작은 의자를 두거나, 접이식 앉은 뱅이 탁자도 좋습니다. 그곳에서 뭐든 내키는 걸 해 보세요. 매일 10페이지씩 책을 읽거나, 한 줄 필사를 해 보세요, 아니면 자기 전 감사 일기를 써도 좋고, 알록달록 예쁘게 다이어리에 스케줄링도 하고, 버킷리스트도 적어 보세요.

꾹꾹 참지만 말고, 남편에게도 힘들면 힘들다고 말하고, 아이들도 어느 정도 크면 역할을 나눠 집안일을 돕도록 하세요. 가끔씩 시간을 내어, 혼자 걷고 사색하세요. 아이들과 쑥쑥 커 나가듯, 자신도 한 인간으로서 어떻게 성장할지 고민해야 합니다.

방학을 맞이하면 아이들이 생활계획표를 짜듯이 엄마도 엄마만의 인생 그래프를 그리고, 하루 생활계획표도 만들어 보세요. 아이들이랑 함께 하면 더 좋고요. 엄마가 자신의 꿈을 위해 하루하루 노력하는 모습은 아이들에게 그 어떤 배움보다 강력한 동기로 작동할 거예요.

엄마가 행복해야 아이가 행복하다는 것은 만고불변의 진리입니다. 육아 전문가가 될 필요도 없고, 비싼 과외를 시키지 않아도 되고 단지 엄마가 행복하면 된다고 하니 얼마나 쉽고 단순한가요? 엄마가 행복한 것을 하고, 즐거움과 기쁨이 넘치는 공간으로 아이를 초대하세요. 행복해하는 엄마의 얼굴을 보는 것만으로도 아이는 진심으로 행복합니다.

엄마라는 이름의 베이스캠프

몸과 마음이 지쳤을 때 휴식을 취할 수 있는 공간을 스페인어로 '퀘렌시아'라고 합니다. 누구에게나 자기만의 퀘렌시아가 있습니다. 영혼이 휴식을 갈급할 때 고요한 산사에 머무르거나, 공원 벤치에 앉아 새소리에 귀 기울일 수도 있겠죠. 그곳이 어디든, 잠깐의 멈춤만으로도 깊은 안식을 얻을 수 있습니다. 그리고 내일을 향해 다시 살아갈 힘을 되찾지요. 영혼을 재생시키는 그런 것들을 우리는 소울푸드, 소울메이트, 소울음악 등으로 부릅니다. 엄마와 아이는 이 소울이라는 것이 태초부터 하나로 연결되어 있지 않나 싶습니다.

하지만 요즘 뉴스나 자료를 보면 지금의 우리 아이들에게 과연 퀘렌시아가 있기는 한 건지 의문이 듭니다. 통계청에서 발표한 「2022년 아동, 청소년 삶의 질」 자료를 보면 주관적 웰빙에서 부정 정서는 17년 2.67%에서 20년 2.94%로 증가했으며, 전반적인 삶의 만족도 역시 67%로 OECD 국가 중 하위권으로 조사되었습니다.

가장 심각한 건 자살률입니다. 19년 2.1명에서 20년 2.5명으로 증가했으며, 더욱이 12~14세의 자살률은 10만 명 중 5명으로 매우 가파르게 증가했습니다.

자료를 보면서 충격적인 건 말할 것도 없었고, '왜 달라지는 게 없는가' 하는 답답함과 안타까움이 더 컸습니다. 충분히 준다고 말하는 어른과 우울해서 죽을 거 같다는 아이들, 뭐가 문제일까요. 서로 원하는 게 너무나 다른 게 아닐까요.

어른들은 항상 아이들을 미래로 데려다 놓습니다. 되어야 할 그 무엇 때문에, 어른들 역시 지금을 기꺼이 희생합니다. 그러고는 아이들에게 더 많은 것을 주지 못해 미안해합니다. 아이들은 되어야 할 그 무엇이 무엇인지 모른 채 현재를 잠식당합니다. 놀 수도 없고, 가족들과 따뜻한 밥 한 끼 먹을 시간이 부족하지요.

그들에게 가장 필요한 건 사랑하는 이들과 정겹게 도란거리며 이야기 나눌 시간입니다. 얼마나 더 많은 아이들이 아프고 사라져야 이 지독한 제로섬 게임이 끝날까요? 학교에서 아이들에게 뭘 하고 싶냐고 물으면 '그냥 학원 좀 덜 다니고, 잠 좀 푹 자고, 친구들이랑 놀고 싶어요.'라고 말합니다. 아마 백이면 백, 비슷한 대답일 거예요.

이젠 엄마가 아이에게 퀘렌시아가 되어 주세요. 아이가 쉬고 싶을 때 아이 곁에 그냥 있어 주면 됩니다. 손을 잡고 산책해도 좋고, 아이가 너무 힘들어한다면 가까운 곳으로 둘만의 여행을 떠나 보세요. 한 이불 덮고 서로의 체온을 느끼기만 해도 모든 게 치유될지도 몰라요. 아이들 하굣길에 기다렸다가 동네 떡볶이 가게에 들러 매콤달콤한 떡볶이 한 컵 나눠 먹어 보세요. 학교 근처 문방구에 들러 아이가 사 달라고 졸라대던 불량식품도 낄낄거리며 함께 먹으면 얼마나 재밌을까요.

엄마는 언제나 아이들의 퀘렌시아가 될 수 있습니다. 소박한 밥상을 마주하고 엄마와 이야기를 나누는 시간이 아이들에게는 그 무엇과도 견줄 수 없는 충만한 시간이 될 거예요. 잠깐의 시간을 내어 주세요. 그것만으로도 아이들은 충분한 휴식과 안정의 시간이 되니까요.

"신이 어디에나 함께하지
못하기에, 어머니를 만드셨다."

루디야드 키플링 (Rudyard Kipling)

좋은 엄마가 되고 싶다면

그냥 좋은 사람이 되면 됩니다.

좋은 엄마는 자신을 사랑하고

역시 아이를 사랑합니다.

3장

완벽한 엄마보다는
좋은 엄마 되기

'NO'라고 말할 용기

요즘 엄마들은 자아실현의 욕망이 강합니다. 반면 내 아이를 잘 키우고 싶다는 양육의 고민도 만만치 않지요. 이러지도 저러지도 못하고 주춤한 사이, 어느새 주변에서는 모두 미친 듯 달리기 시작합니다. "어? 어? 어라?" 외마디 비명을 지르며 그대로 불안의 레이스에 함께 뛰어듭니다.

좋은 유치원, 좋은 학원, 좋은 과외 선생님, 좋은 프로그램. 모두가 '좋은' 무언가를 찾아 보물찾기에 뛰어드는 형국입니다. 모두가 같은 레이스에서 달린다면 어떻게 될까요? 백 명이 달린다면 1등부터 100등까지 순위가 매겨지겠지요.

하지만 만약 각기 다른 100개의 레이스에서 달린다면 어떨까요? 일단 순위라는 것이 존재하지 않습니다. 각자 다른 속도와 방식으로 달리기만 하면 되니까요. 모두가 자신의 인생 레이스에서 승자가 될 수밖에 없겠지요.

> 누군가는 1등의 들러리를 할 수밖에 없다.
> 끊임없는 먹이사슬 경쟁은 필연이다.
> 반드시 누군가를 밟고 일어서야 승리할 수 있다.
> 원래 일등이 있으면 꼴등도 있는 법이다.
> 함께 공존하는 교육 시스템은 현실에서는 불가능하다.
> 여전히 좋은 대학은 성공의 필수조건이다.

과거에는 이러한 삶의 방식이 유효했을지 모르겠습니다. 주위를 둘러보면 정답으로 믿고 있는 사람들도 여전한 것 같고요. 하지만 의구심을 갖고 새로운 방식을 시도하려는 부모들도 점점 많아지고 있는 것 같습니다.

지금의 중년 이상 세대들에게 대학 졸업은 선택이 아닌 필수였습니다. 취업이 잘되던 시대였기도 하고, 지금처럼 학비가 천정부지로 높지도 않았으며, 누구나 대학을 졸업하면 원하는 직장에 취업하기도 수월했었지요.

하지만 지금은 대학을 졸업해도 백 프로 취업을 보장받기 어렵습니다. 얼마 전 서울대 신입생의 6.2%가 넘는 친구들이 치대나 의대로 전향하기 위해 신입 휴학을 했다는 기사를 본 적이 있습니다. 그만큼 취업이 쉽지 않은 게지요. 아이러니하게도 우리나라 직업 사전에 등재된 직업의 개수는 5년 사이 무려 4,000개가 늘어 15,936개라고 합니다. 찾아보면 우리 아이가 잘하고 좋아하는 일이 반드시 존재할 거란 이야기입니다. 모를 뿐이지요.

한 예로 제가 아는 어떤 친구는 고등학교를 졸업하자마자 제과제빵 기술을 배우기 위해 일본으로 유학을 떠났습니다. 고등학교 내내 꼴등을 맡아놓고 하던 그가 이젠 내로라하는 베이커리 카페 사장님이 되었답니다. A미용실 사장님은 고등학교를 졸업하자마자 일찌감치 헤어디자이너가 되었다고 합니다. 워낙 타고난 재주도 있었지만 독하게 실력을 쌓아 자기 이름을 내건 헤어샵의 주인이 되었지요. 일본의 유명한 기업가 사이토 히토리 역시 대학에 가지 않았지만, 지금은 가장 세금을 많이 내는 부자가 되었습니다. 스티브 잡스 역시 대학 중퇴 학력이지만 누구보다 많은 혁신을 이뤘고요.

아이를 대학에 보내지 말라는 말은 아닙니다. 대학에 가면 캠퍼스에서 친구들과 새로운 경험을 할 수도 있고, 전문적으로 지식을 쌓거나 존경하는 교수님 밑에서 공부할 수 있는 기회가 있습니다. 아니면 유명 대학 졸업장의 특권이 효력을 발휘하는 커뮤니티의 일원이 되고 싶다면 대학을 가는 것이 맞습니다.

만약, 굳이 대학이 아닌 곳에서도 충분히 원하는 걸 배울 수 있다면, 현장에서 빠르게 기술을 익히고 싶다면, 진짜 원하는 게 무엇인지 경험한 후에 대학에 가기로 마음먹었다면, 좀 더 신중해져야 합니다. 지금 자신에게 맞는 방식으로 배우고, 일하고, 공부하면 되는 것이지요.

과거에는 삶에 정답이 있을 것으로 생각했습니다. 혹은 딱히 대안이 없으니 남들처럼 사는 수밖에 없다며 변명도 했었고요. 하지만 이젠 '노'라고 말할 수 있어야 합니다. 부모인 내가 느끼는 불안과 두려움이 진짜 실재하는 것이 아니라 막연하게 주입된 사회화 의식의 일부분임을 깨닫는 것이 중요합니다. 불안에 압도당하는 대신에 그 불안의 실체를 직면해야 하겠지요.

그 모든 게 뜬구름같은 불안이었음을 자각했다면 이제는 내 아이에게 맞는 방식으로 가르쳐야 합니다. 남들에게 어울리는 옷이 내 아이에게도 맞을 거라 생각하면 오산입니다. 대학을 향한 무조건적인 행렬에서 빠져나와 바로 지금 내 아이에게 무슨 일이 벌어지고 있는지 객관적으로 인지해야 합니다. 그렇게 할 수 있는 첫 번째 사람은 엄마가 되어야 하고요.

엄마들이야말로 현실을 각성하고 불안의 레이스를 끝낼 열쇠입니다. 새로운 패러다임을 시작할 주체가 엄마들이 된다면 가장 빠르고 쉽게 변화를 시작할 수 있을 것 같습니다. 누구보다 내 아이를 가장 잘 알고 사랑하는 사람이 엄마이니까요.

감정 놓아버리기 연습

효은 씨는 딸 둘을 둔 가정주부입니다. 오랜 지병이 있는 엄마를 간호하는 것도 힘에 부치는데, 여동생까지 최근 이혼을 해서 경제적으로 부담이 더 커졌습니다. 외벌이로 남편에게 의지해야 하는 상황이라 우울하기만 합니다. 주변 사람들 뒤치다꺼리하느라 정작 자신을 돌볼 시간이 없습니다. 당연히 두 딸에게도 짜증이 늘었지요.

효은 씨는 저를 만나면 자신이 얼마나 힘들고 고통스러운지 얘기합니다. 자신의 슬픔과 고통을 누군가가 이해해 주고 위로해 주길 바라지만 상황은 더 나아지질 않습니다. 변화는 생각만으로 이루어지지 않습니다. 선택했다면 당연히 실제 액션이 따라야 합니다. 하지만 그녀는 자신에게 익숙한 사고방식과 감정, 패턴을 버리고 낯선 환경 속으로 자신을 밀어 넣는 게 너무나 불편한 거지요. 자신에게 지금 무슨 일이 일어나고 있는지 자각하지 못한다면 익숙한 감정을 자동으로 무한 재생하며 매번 했던 방식으로 삶이 흘러가 버립니다.

사실 감정은 내 것이 아닙니다. 나의 개입 없이 저절로 일어났다가 사라질 뿐입니다. 생각 역시 마찬가지입니다. 하지만 우리는 감정과 생각을 그저 오고 가도록 내버려 두지 않습니다. 대부분은 나를 힘들게 했던 과거의 어느 지점에 머물러 있으니까요. 그 순간의 감정에 사로잡혀 후회하거나, 오지 않은 미래를 걱정하거나 두려워합니다.

엄마가 자신의 감정과 생각을 자각하고 컨트롤하지 못할수록 아이들의 상처 역시 점점 깊어집니다. 엄마도 사람인지라 감정이 일어날 수는 있습니다. 하지만 감정에 그대로 함몰되면 안 됩니다. 감정이 오고 가도록 길을 비켜 주어야지요.

감정이 올라오는 순간 그걸 알아차리는 것이 가장 중요합니다. '지금 저 아래서 묵직한 어떤 감정이 올라오는구나'라는 느낌이 들면 그 감정에 이름을 붙여 주세요. 슬픈 건지, 화가 난 건지, 무시당한 느낌이 드는 건지, 모욕감을 느낀 건지, 분노나 수치인지. 그것에 이름을 붙이는 것만으로 자신의 감정과 한 발 떨어져 좀 더 객관적으로 인지할 수 있게 됩니다.

만약 그 감정에 '짜증'이라고 이름을 붙였다면 그다음에 할 일은 그것이 어디에서 온 것인지 원인을 찾는 겁니다. 감정은 몸의 언어이고, 그것은 생각에서 기인합니다. 성냥에 불이 붙으려면 반드시 마찰이 있어야 하듯, 잔잔했던 내 마음에 강한 파동을 일으킨 생각 한 줄기가 무엇인지 찾아야겠지요. 사실 이쯤 되면 이미 감정은 멀찍이 떨어져 나 자신과 일체성을 잃게 됩니다. 생각과 감정이 분리되면 문제의 해결 방법을 찾기도 더 쉬워지지요.

여기까지 되었다면, 감정을 놓아 보내 주세요. 제가 추천하는 가장 간단한 방법은 호흡입니다. 깊은 복식 호흡을 10회 정도 하세요. 들이마시는 숨 10초, 잠시 정지, 내쉬는 숨 10초, 같은 크기의 들숨과 날숨을 쉬어 보세요. 호흡의 순간에는 생각이 완벽하게 블랙아웃이 됩니다. 일종의 감정 리셋하기라고 생각하면 좋겠습니다.

자각하기-감정에 이름 붙이기-감정의 원인 찾기-호흡하기의 과정이 처음에는 쉽지 않을 거예요. 하지만 엄마의 감정은 아이들에게 너무나 쉽게 전이되기 때문에 스스로 감정을 컨트롤하는 훈련은 반드시 필요합니다. 꾸준히 연습하다 보면 어느 순간 '아, 지금은 내가 화를 내야 하는 상황이구나, 화를 좀 내

볼까?'하는 단계에 도달할지도 모릅니다. 이쯤 되면 감정을 가지고 노는 고단자가 되었다고 볼 수 있습니다.

결혼과 육아가 엄마에게 삶의 고수가 되는 가장 빠른 지름길로 안내하니 감정이 올라오는 매 순간 감사할 일입니다.

집게에서 벗어나기

　우리는 살아가면서 알게 모르게 주입되는 타인의 기대와 고정관념, 사회적 합의 속에 둘러싸인 채 살아갑니다. 문제는 그것이 자연스럽고 일상적으로, 하지만 잔인하게 개인의 삶을 침범한다는 것이죠. 결국에는 그것들이 완전히 개개인의 인생을 장악해 버리기도 합니다. 『수치심 권하는 사회』의 저자 브레네 브라운(Brene Brown)은 그것을 '거미줄'이라고 불렀습니다. 『트랜서핑 해킹 더 매트릭스』의 저자 바딤 젤란드(Vadim Zeland)는 '집게'라고 칭하지요. 뭐라고 불러도 상관없습니다. 그것은 우리를 결국 옴짝달싹 못 하게 만들어 버리고 마니까요.

　저에게 거미줄이자 집게는 '좋은' 누군가, '착한' 누군가가 되어서 사람들에게 인정받고자 하는 갈망이었습니다. 삶의 기준이 자신이 아닌 타인에게 있는 사람은 모래성처럼 불안하기만 합니다. 인정과 칭찬은 마셔도 마셔도 갈증 나는 바닷물과 같거든요. 결국 죽는 줄 모르고 불길에 뛰어드는 불나방 신세를 면치 못합니다.

누군가를 백 프로 만족시키는 삶이란 존재하지 않습니다. '좋다'라는 기준도 애매모호합니다. 누구에게 기준을 맞춰야 하는지 몰라 그저 좋은 사람이 되고자 노력하다 보면 '나'에게 진짜 좋은 것이 무엇인지 희미해집니다. 엄마들 역시 트리거가 되는 '집게'가 모두 하나씩은 있게 마련입니다. 누군가에겐 그것이 공부일 수도 있고, 성공과 부, 외모일 수도 있겠지요.

서진 씨는 중소기업 오너로 여전히 활발하게 사회생활을 하는 60대 중반의 여성입니다. 그에게는 어린 시절 부모의 이혼을 겪으면서 엄마의 정이란 걸 모르고 자란 아픔이 있습니다. 아버지는 자녀들을 키우기 위해 밤낮으로 일했지만, 형편은 나아지질 않았지요. 어느 날은 일을 하기 위해 며칠씩 집을 비우기도 했습니다. 그러면 서진 씨는 여동생들을 돌보기 위해 초인적인 힘을 내야 했습니다. 실질적인 가장이자 엄마 역할을 동시에 해내야 했으니까요.

엄마의 부재와 가난은 서진 씨에게 가혹한 시련이었지만 동시에 살아야 할 동기가 되기도 했습니다. 어떻게든 지긋지긋한 가난을 벗어나고 싶었거든요. 학창 시절부터 안 해 본 일이 없었던 그녀는 결국 자수성가한 기업인이 되었습니다. 이제는 돈이 없어서 배를 곯지 않아도 되고, 사고 싶은 것이 있다면 언제든 가질 수 있는 충분한 경제력을 갖게 된 것이지요.

그럼에도 불구하고 그녀는 여전히 쉬지 못합니다. '쉼'이 무엇인지 모릅니다. 지금 가지고 있는 걸 놓치게 될까 봐 매일매일 걱정입니다. 여전히 갖지 못한 것이 더 많아 초조하고 불안합니다. 돈을 버는 것 외에는 아무것도 할 줄을 모르니 삶을 즐길 수도 없습니다. 공허하고 외롭지만, 진심으로 의지하고 기댈 곳은 없습니다. 돈이 그녀에게 거미줄이 된 것입니다. 돈에 매여 버려 언제 삶에 잡아먹힐지 알 수가 없습니다. 언제쯤 그녀는 환상에서 깨어나 진짜 자기 자신이 될 수 있을까요?

서진 씨처럼 어린 시절 가난이나 부모의 부재는 사실 그녀의 탓이 아닙니다. 태어나 보니 그런 환경이었을 뿐입니다. 내 선택의 문제가 아니라는 것입니다. 유년 시절의 경험이 이후의 삶에 절대적으로 영향을 미치는 게 맞지만, 성인이 된 이후에도 여전히 자신의 상황을 누군가의 '탓'으로 돌린다면 그건 매우 어리석은 일입니다. 자기 삶의 조종대를 누군가의 손에 통째로 쥐여 주고는 이리저리 흔들리는 것과 마찬가지니까요. 만약 성인이 되어서도 내가 누군가를 원망하거나 미워하는 마음이 있다면 얼른 털어 버려야 합니다.

다른 관점에서 본다면 어린 시절의 역경은 돈으로 환산할 수 없는 삶의 깊이와 이해를 제공합니다. 저도 성장기에 다시는 겪고 싶지 않을 어려움이 있었지만, 그런 경험이 없었다면 지금의 저도 없었을 거예요. 그 모든 것들이 삶의 자양분이 되었던 거지요.

더불어 나의 삶을 흔드는 원가족이든, 배우자든, 혹은 직장 상사이든 그 누가 되었든 그들과 정신적으로 분리를 할 수 있어야 합니다. 그들이 했던 날카로운 말이나 '역시 너밖에 없어', '우리 딸이 최고야', '당신이니까 하는 거지'처럼 인정 욕구를 채워 주는 말들이 과연 나를 진심으로 충만하게 하는지 생각해 볼 일입니다. 그들이 하는 달콤한 말들은 진짜 나를 위하는 것이 아닐 가능성도 매우 큽니다.

특히 인간관계 갈등에 있어 대부분을 차지하는 것이 가족과의 관계입니다. 이 역시도 새로운 시각을 가져 볼 것을 권합니다. '가족이니까 어쩔 수가 없어요.', '가족인데 어떻게 남처럼 나 몰라라 해요.', '부모님이 원하는 걸 못 하면 죄책감이 들어요.'라는 말들을 많이 합니다. 그런데 말입니다. 앞서 얘기했

듯, 가족은 내가 선택한 사람들도 아니고, 내가 죽을 때까지 책임져야 하는 사람들도 아닙니다. 그저 여러 관계 중의 하나일 뿐입니다.

가끔 제가 이런 말을 하면 '선생님, 그건 너무 가혹하고 냉정해요.'라고 반발하기도 합니다만, 가족 역시 남과 다를 바가 없습니다. 오히려 남은 안 보면 그만인데 가족이라는 이유 하나만으로 힘들면서도 꾸역꾸역 만나고, 서로 악다구니를 쓰면서도 거기서 나올 생각을 안 합니다. 자기 인생에서 가족은 당연한 세팅 값이라고 생각하는 것이지요.

가족 역시 안 봐도 됩니다. 책임지지 않아도 괜찮아요. 명절에 가기 싫으면 가지 않아도 됩니다. "힘들어서 못 하겠으니, 난 앞으로 못 한다, 안 한다, 여기까지만 하겠다"라고 말해도 하늘은 무너지지도 않고, 세상이 나에게 손가락질하지 않습니다. 설사 누군가가 나에게 뭐라고 하더라도 그건 그들의 문제인 거지 내 문제가 아니지요.

만약 너무 아파서 명절에 못 갔다면 '명절에 못 올 정도면 얼마나 아팠을까'라고 걱정해 주는 게 맞습니다. '아무리 아파도 어디라고 시댁을 안 오냐?'며 언성을 높인다면 정말이지 남보다 못한 관계이지요. 남보다 못한 사람에게 내가 감정 이입해서 불안하고 슬퍼할 필요가 없겠지요.

어린 시절, 약하고 미숙했던 우리는 부모의 잣대나 타인의 시선을 거스를 만한 힘이 없었지요. 그래서 있는 그대로 자기 모습으로 받아들였답니다. 하지만 성인이 되었다면 누군가의 여동생이나 누나로 살지 않아도 됩니다. 엄마의 부재와 가난 때문에 자기 자신을 잃어버리지 않아도 되고요. 더 이상 부모의 기대로 인해 가면을 쓰고 살지도 마세요. 누군가의 비난이나 질책이 두려워 움츠러들 필요도 없습니다. 진짜 나로 살아 보세요. 그때 비로소 나로서 빛이 나는 삶을 시작하게 됩니다.

부모의 방어기제

방어기제는 지그문트 프로이트(Sigmund Freud)가 제시하고 그의 막내딸인 안나 프로이트(Anna Freud)에 의해 체계화된 개념입니다. 그녀는 1936년 「자아와 방어기제」라는 논문에서 프로이트가 발견한 4가지 방어기제인 억압, 투사, 반동형성, 고착과 퇴행에 더해 억압, 반동형성, 퇴행, 격리, 취소, 투사, 투입, 자기로의 전향, 역전, 승화의 10가지 방어기제에 관해 설명했답니다.

우리는 살면서 도저히 받아들일 수 없는 두렵고 불쾌한 상황에 직면하기도 하고 극도의 스트레스나 불안을 겪기도 합니다. 만약 상황을 컨트롤할 수 없을 만큼 어리거나 내면의 힘과 자존감이 낮은 상태라면 무의식적으로 자신을 보호하기 위해 방어기제를 쓰게 됩니다. 자신을 보호하기 위한 임시방편의 심리적 봉합술이라고 생각하면 좋을 듯합니다. 위험이 감지되면 달팽이가 자신의 단단한 집 안에 모습을 감추는 것처럼 방어기제를 사용해 어찌할 수 없는 고통으로부터 '나'를 보호해 주는 것이지요.

방어기제는 위험과 고통으로부터 우리를 보호해 주는 일종의 방패 역할을 합니다. 무너지지 않도록 균형을 잡아 주기도 하고요. 하지만 점점 성숙한 사고를 하게 되거나 심리적으로 유연해지면 방어기제가 더 이상 필요 없어집니다. 승화, 유머, 이타주의와 같은 적응적 방어기제로 바뀌기도 하고요.

문제는 위험으로부터 나를 보호해 주던 방어기제가 그것이 사라지고 나서도 여전히 삶의 방식으로 굳어지는 경우가 많다는 것입니다. 예를 들어 배우자와 다툼이 생겼다고 가정해 볼게요. 방어기제를 무의식적으로 사용하는 패턴이 고착되었다면 못 들은 척한다거나, '알았어, 미안해, 그런 거 아닌데' 등의 말로 모면한다거나, 침묵으로 일관합니다. 혹은 자신의 동굴 속에 숨어서 나오지 않는 등 여러 가지 방식으로 갈등 상황을 외면하겠지요. 문제의 원인이 해결되지 않았으니 비슷한 상황이 매번 반복될 가능성이 큽니다. 일종의 미성숙한 갈등 해결 방법인 셈이지요.

부모의 방어기제는 특히 아이에게 많은 영향을 미칩니다. 딸과 아들 한 명씩을 키우고 있는 지은 씨는 유달리 딸만 보면 화가 납니다. 특히 딸이 음식을 소리 나게 씹어 먹는다거나, 다리를 떤다거나, 단추를 단정하게 채우지 않는 등 용모와 관련된 부분이 마음에 들지 않으면 잔소리가 폭발합니다. 요지는 딸아이가 여성스럽지 못해 불만이라는 거지요. 하지만 자세히 들여다보면 딸아이에게 여자였던 자신의 수치심과 모멸감을 투사하고 있는 것입니다.

줄줄이 딸만 내리 낳은 부모님은 셋째 딸이던 지은 씨에게 살갑지 않았습니다. 게다가 다른 자매들에 비해 용모가 특출하지 못했던 지은 씨는 자기 외모가 항상 불만이었습니다. 자신도 인지하지 못했던 자격지심과 어린 시절의 상처가 딸을 통해 그대로 수면 위로 드러났던 것입니다. 이유 없이 딸을 미워하고 싶어했던 원인이 결국 투사라는 방어기제를 쓰고 있던 지은 씨 자신에게 있었던 것이지요.

부모인 내가 어떤 방어기제를 사용하고 있는지 알아야 합니다. 문제를 직면하는 데는 고통이 따를 수도 있습니다. 해결하려면 여간 에너지가 많이 드는 게 아니거든요. 귀찮고 피곤할 수도 있고요. 하지만 알아차렸다면 자신을 보호해 주었던 방어기제가 이제는 소용없음을 알고 놓아버려야 합니다. 이젠 그것에 의지하지 않아도 스스로 문제를 해결할 수 있는 내면의 힘이 있음을 믿으세요.

이를 자각하고 사용 빈도가 조금씩 줄고 있다고 느낀다면 절반의 성공입니다. 자신을 믿고 그렇게 한 발씩 내딛다 보면 세상에 단단히 발을 딛고 굳건히 서 있는 자기 자신을 발견하게 될 거예요.

배우자와 멋진 파트너 되기

많은 부모들은 아이 키우기 쉽지 않다고들 합니다. 아이를 낳은 직후 배우자와의 갈등이 본격화되기도 하고요. "나는 옳고, 너는 틀렸다."라며 목소리를 높여 서로를 비난합니다. 양육에 적극적으로 참여하지 않는 배우자에게는 섭섭하고 화도 납니다.

『행복한 부부, 이혼하는 부부』 저자이자 부부관계 전문가 존 가트맨(John M. Gottman) 박사에 따르면 첫아이 출산 이후 3년 사이 관계가 나빠진 부부가 67%나 된다고 합니다. 그만큼 출산과 육아는 다정했던 부부에게도 커다란 과제이자 도전인 셈이지요. 아이를 낳고 나서 부부 갈등이 빈번해지더라도 당연한 과정이라 생각하면 좋겠습니다. 오히려 이 시기를 현명하게 극복한다면 육아와 결혼 생활 모두 슬기롭게 헤쳐 나갈 수 있지요.

그러기 위해선 먼저 부모의 역할을 정립하고, 부부간의 갈등을 조율하는 법을 배워야 합니다. 전혀 다른 삶을 살아 온 부부가 처음부터 똑같은 생각을 가지고 아이를 양육할 수야 없습니다만, 엄마 아빠가 양육 내내 다른 말을 하고 있다면 이것만큼 아이에게 혼란스러운 일도 없을 것입니다. 그렇기에 가장 먼저 해야 할 것은 양육에 대한 기본적인 합의입니다.

양육의 개념을 어떻게 정의하고 있는가?

아이가 어떤 사람으로 성장하기를 바라는가?

아이에게 어디까지 지원하고 도움을 줄 수 있는가?

양육에 있어 가장 중요하게 생각하는 가치는 무엇인가?

아이를 위해 부모인 나는 무엇을 줄 수 있는가?

아이에게 나는 어떤 엄마와 아빠가 되고 싶은가?

배우자에게 나는 어떤 역할을 원하는가?

나는 양육에 있어 어떤 역할을 하고 싶은가?

나는 아이와 어떤 관계가 되고 싶은가?

아이가 성인이 되어 엄마, 아빠를 어떻게 평가하기를 바라는가?

대부분은 이러한 합의도 대화도 없이 어느 날 갑작스럽게 엄마, 아빠가 된 경우가 많습니다. 머릿속에는 두루뭉술한 교육관이나 막연한 배우자상만이 있을 뿐이지요. 게다가 말로 내뱉지 않으니 양육 과정에서 서로에 대한 원망은 앙금이 되어 가슴속에 쌓이게 됩니다.

바라거나 속상하거나 섭섭한 마음을 가슴 속에 아무리 담아 둔들, 상대가 알 길은 없습니다. 무슨 점쟁이도 아니고 상대가 내 뜻대로 척척 해 주는 일은 절대 일어나지 않는다는 것이지요. 그러다 보면 갈등의 골은 점점 깊어지고 그만큼 해결하기는 더 어려워집니다.

서로가 아이를 낳기로 합의했다면 그때부터 교육관, 양육관, 가치관에 대해 서로 충분히 이야기를 나눠 보았으면 좋겠습니다. 만약 양육의 중요한 가치로 엄마는 엄격한 일관성, 아빠는 상황에 따른 유연성을 주장한다면 충돌하는 부분이 있을 수밖에 없습니다.

이때 서로가 용인할 수 있는 두세 가지를 합의하고 그 룰에 대해서는 어떤 경우라도 서로가 간섭하지 않아야 합니다. 예를 들어, '떼를 쓰거나 고집을 부리는 걸 용인해서는 안 된다'라는 원칙을 세웠다면 엄마가 엄격한 훈육을 하더라도 아빠는 참견하지 않아야 합니다. 아빠가 생각하는 유연한 상황이란 어떤 경우인지도 분명하게 하는 것이 좋습니다.

그리고 임신을 했다면 부부가 원하는 아이를 마음속에 그리면서 태교에 임해 보세요. 육아 중에 갈등이 생긴다면 회피하지 말고, 서로가 감정을 솔직하게 터놓고 이야기 나누고요. 조율의 과정이 필요한 법이니까요.

육아를 하면서 엄마 아빠가 각개전투를 해서는 안 됩니다. 완벽한 파트너가 되어야지요. "배우자가 전혀 도움이 안 돼요." 라고 말하는 경우도 종종 있습니다. 그렇더라도 배우자를 양육에서 제외하면 안 됩니다. 내 마음에 안 드는 거지, 아이들에게는 여전히 '필요한' 엄마, 아빠이니까요.

좋은 부모가 되는 지름길은 좋은 사람이 되는 거라는 걸 잊지 마시고요. 양육은 좋은 사람이 되기 위한 가장 완벽한 훈련장이랍니다. 쉽지는 않겠지만 건투를 빕니다.

메타인지 활용하기

제 둘째 아들과 꽤 긴 전쟁을 한 적이 있습니다. 문제의 스마트폰 때문이지요. 큰애가 초등학교 6학년이 되어 스마트폰을 갖게 되었어요. 형만 사 준다며 떼를 쓰는 바람에 녀석은 4학년이라는 좀 이른 나이에 스마트폰을 갖게 되었습니다.

사 주기 전부터 당부하고 약속해도 아이에게 스마트폰은 신기한 요술 단지라 여간해서는 손에서 놓기가 어렵습니다. 하교 후에도 가지고 노느라 제 방에서 나오지를 않았어요. 부탁도 하고, 협박도 했습니다만 모두 그다지 효과는 없었더랬어요.

저는 저대로 지쳐 갔고, 아들 녀석 입장에서도 듣기 싫은 잔소리가 하나 더 늘었을 뿐이었죠. 아들도 억울하다며 제 나름대로 항변합니다. 자기는 할 일도 다 했고, 약속 시간도 잘 지켰다는 거예요. 돌이켜보면 핸드폰을 가지고 노는 아들의 모습이 불편했던 건 엄마인 저의 입장이었습니다. 문제집을 풀거나 공부하는 모습은 좋아 보이고, 아들이 핸드폰 가지고 노는 건 보기 싫었던 거지요.

종종 부모들은 아이들이 무조건 자신들의 말을 따라야 한다고 생각합니다. 그러면서 이번 기회에 아이를 바꾸어 보겠다고 단단히 벼릅니다. 하지만 전쟁이 선포되면 누구에게도 득은 없고 상처만 남을 뿐입니다.

가족 간에 갈등은 언제든지 생길 수 있습니다. 하지만 문제 해결에 초점을 맞추는 것이 아니라 문제 그 자체가 되어 버리면 아이와 부모는 N극과 S극만큼 멀어지게 됩니다.

상황을 면밀하게 파악하는 것과 더불어 일어나는 감정도 자각하고 있어야 합니다. 아이가 하는 말과 행동, 그에 반응하는 나의 태도, 아이의 의도와 욕구, 그리고 부모의 의도와 욕구까지도 말입니다. 그것을 메타인지라고도 하지요.

메타(meta)는 '더 높은, 초월한'이라는 뜻을 지니고 있습니다. 높은 곳에서 상황을 바라보게 되면 새로운 시각과 관점을 갖게 됩니다. 매일 당면한 것들에 끌려가는 것이 아니라 전체적으로 조망할 수 있는 여유와 통찰을 얻게 됩니다.

지금 우리 아이는 무엇을 원하는가?

말하는 것 이면에 아이의 욕구는 무엇인가?

이 상황을 통해 부모와 아이가 얻는 것은 무엇인가?

나는 이 상황에서 무엇을 얻고 싶은가?

나의 욕구는 어디에서 기인하는가?

자신에게 이런 질문을 던지다 보면, 부모인 나의 주장도 어이없는 당위성을 지니고 있음을 알게 됩니다. 아이는 어리기 때문에 아무것도 모른다는 것도 부모의 오해일 수 있고요.

저 역시 막연한 불안과 걱정으로 상황을 왜곡하고 있었던 거였어요. 핸드폰을 마냥 가지고 놀다가 아이가 공부와 완전히 멀어지거나, 성적이 떨어지지 않을까 하는 근심들이 엄마인 저를 불편하게 했던 거였지요. 가족회의를 통해 모두가 납득할 만한 몇 가지 규칙을 정하고 나서야 스마트폰 전쟁이 막을 내렸답니다.

핸드폰을 하는 아이와 매일 지겹도록 싸우는 상황처럼, 문제가 해결되지 않고 반복된다면 잠시 그 상황에서 멈추어 보세요. 지상 100미터쯤에서 아이와 나를 바라본다면 어떤 것들이 보일까요? 스스로에게 위의 질문들을 해 보세요. 불현듯 그동

안 시도하지 않았던 새로운 해법이 떠오를지도 모르겠습니다. 아니면 나를 도와줄 수 있는 어떤 전문가나 지인이 생각날 수도 있을 테고요. 메타인지는 지금의 자신을 좀 더 객관화하고 검열 해 볼 수 있는 좋은 방법입니다.

아이의 마음을 읽어주는 엄마

첫 아이를 가졌을 때 설레기도 했지만 두렵기도 했어요. 임신 기간 내내 아이의 모습을 즐겁게 상상하다가도 잘 키울 수 있을지 염려스럽기도 했고요. 이른 결혼으로 주변에 물어볼 만한 친구도 없었고 부모님과도 멀리 떨어져 살아 온전히 제 몫이란 생각에 부담스럽기도 했습니다. 궁리 끝에 나름의 해결책으로 베스트셀러로 손꼽히는 육아서들을 정독하기 시작했습니다.

한 번도 배운 적 없던 정보들이 홍수처럼 밀려들어 혼란스러웠어요. 세상에 각종 유해 물질은 어찌나 많던지요. 건강한 육아를 위해 가장 먼저 시도했던 일이 천 기저귀 사용이었습니다. 그런데 그게 육아 전쟁의 시초가 될 줄은 정말 몰랐습니다. 천 기저귀를 고집하느라 손목도 상하고 몸도 피곤해져 육아에 온전히 집중할 수가 없었거든요. 어리석은 실수 중의 또 하나는 규칙적인 수유에 집착했던 거예요. 그래야만 아이가 밤에 잠도 잘 자고, 건강하게 클 줄 알았어요. 가장 선행되어야 할 것이 아이와의 밀접한 접촉, 따뜻한 느낌을 주고받는 함께하는 시간임을 그땐 몰랐던 거지요.

그렇게 저는 각종 커뮤니티를 들락거리며 요즘 엄마들이 어떻게 아이를 키우는지, 전문가들은 뭐라고 하는지 열심히 서칭했더랍니다. 저의 맹목적인 탐색이 그리 오래가지 못했던 건 어찌 보면 다행스러운 일입니다. 다시 복직하고 연이어 둘째가 태어나면서 열혈 엄마 모드에서 생존 육아 모드로 바뀌었기 때문이지요. 누군가의 조언을 듣고 무작정 따라 하기에는 시간도 없고, 체력도 달렸어요.

아이에게 청결한 환경이나 깨끗한 기저귀, 질 좋은 장난감이 소용없다는 건 아닙니다. 아무것도 모르는 상태라면 전문가의 조언이나 육아서를 통해 기본기를 단단히 익히는 것도 중요하지요. 하지만 당시의 저처럼 자신감도 없고, 시간도 체력도 부족하다면 모든 걸 다 잘하려는 마음을 내려놓아야 합니다. 게다가 워킹맘이라 일과 육아를 동시에 해내야 하는 상황이라면 더더욱 선택과 집중이 필요하지요.

천 기저귀를 빨고, 윤이 나게 청소하고, 질 좋은 장난감을 아이에게 사 주기 위해 서칭하는 것도 좋지만, 그걸 매일 해내느라 아이와 시간이 부족해지고, 체력이 소진된다면 안 해도 괜찮습니다. 좀 더러우면 어떻고, 일회용품을 쓰면 또 어떻습니까?

아이에게 책 읽어 주고, 산책하고, 수유하고, 목욕시키는 일련의 루틴을 하루하루 해내기 위해 정작 아이가 무엇을 원하는지 감지하지 못하고 욕구를 채워 주지 못한다면, 제아무리 훌륭한 루틴이라도 아이에게는 소용없습니다.

아이의 눈빛을 읽고, 아이의 울음을 통해 원하는 걸 캐치하고, 아이의 옹알이에 대답해 주세요. 아이가 원하는 만큼 실컷 안아 주고, 아이가 원하는 걸 주세요. 아이가 좀 더 크면 학교에서 무슨 기분 좋은 일이 있었는지, 친구들과 어떤 대화를 나누었는지 물어봐 주세요. 시무룩하고 말이 없다면 기분이 어떤지 물어보세요. 어떤 친구와 가장 친한지, 좋아하는 노래가 무엇인지, 무엇을 할 때 가장 행복한지, 요즘 관심사가 무엇인지 아이의 사소한 것도 공유하려고 노력해 보세요.

아이가 무엇을 원하는지 가장 빠르게 알아채고, 그것을 채워 줄 수 있는 사람이 엄마입니다. 다른 사람들의 조언과 충고, 전문가의 권위 있는 말보다 엄마가 아이에게 느끼는 직관이야말로 가장 정확하지요. 물론 그러한 데이터는 아이에게 꾸준히 집중하고, 아이의 욕구를 알아차리기 위해 인내할 수 있어야 생기는 법입니다. 지금 아이의 눈빛을 읽어 보세요. 아이의 깊은 마음과 바로 닿을 수 있을 거예요.

완벽한 엄마, 그리고 좋은 엄마

.

이 세상에 완벽함이라는 게 있을까요? 완벽한 아름다움, 완벽한 건강, 완벽한 신체. 그 어디에도 완벽함이라는 건 존재하지 않습니다. 당연히 완벽한 엄마도 없고, 완벽한 배우자도, 완벽한 관계도 없겠지요. 오히려 지나치게 완벽을 추구하는 삶은 나와 타인을 지치게 할 수 있습니다. 성숙한 관계란 상대의 불완전함을 받아들이고, 잘못과 실수에도 너그러워지면서 한층 단단해지는 법이니까요.

다른 한편으로, 완벽을 추구하는 사람은 자신의 단점을 수용하지 못하는 사람이기도 합니다. 완벽해지려고 하면 할수록 단점은 더 잘 보이는 법이거든요. 보라색 코끼리를 떠올리지 말라고 하면 자꾸 생각나는 것처럼 말이지요. 자신의 실수를 용납하지 못하면 스스로에게 너그럽지 못하게 되고, 당연히 자신을 사랑할 수도 없습니다.

사랑의 제1 명제는 '자신을 사랑해야 남도 사랑할 수 있다' 입니다. 만약 부모가 도무지 불가능한 수준의 완벽함을 꿈꾸는 사람이라면 자신의 아이를 사랑하지 못할 가능성은 매우 큽니다. 아이의 사소한 실수에도 화를 내고, 다그치게 되겠지요. 아이 역시 완벽이라는 프레임 속에 갇혀 자신의 삶을 좀먹고 있을지도 모릅니다.

반면, 좋은 엄마는 자신이 완벽하지 않다는 걸 아는 엄마입니다. 인생에서 처음 맡은 '엄마' 역할이 어설프다면 당연한 일입니다. 어찌 처음부터 열 명 키운 베테랑 엄마처럼 능수능란하게 할 수 있을까요. 화를 내기도 하고, 소리를 지르기도 하고, 힘들어서 울기도 하겠지요.

그렇지만 좋은 엄마는 자신을 사랑하는 사람입니다. 적어도 자신을 사랑하려고 노력을 하는 사람입니다. 그래야 다른 건 서툴고 부족해도 자신의 아이를 누구보다 뜨겁게 사랑할 수 있습니다. 사랑한다는 건 다른 말로 자신을 잘 알고 있으며, 누구보다 자신을 돕는다는 뜻이기도 합니다.

그렇다면 자신을 잘 알려면 어떻게 해야 할까요? 자신을 객관화할 수 있는 '나와 나 사이의 거리'를 유지하면 됩니다. 내가 무엇을 할 때 즐겁고 재밌는지, 좋아하는 것과 싫어하는 것이 무엇인지, 흥미 있는 것이 무엇인지, 어떤 사람들과 관계할 때 행복한지 알아야 하는 것이지요.

이렇게 '나'와 나를 관찰하는 또 다른 '나' 사이에 적당한 거리가 있어야 우리에게 무슨 문제가 있는지 알아차리기가 쉽습니다. 그래야 자기를 적절하게 도울 수도 있고 삶도 심플해집니다.

이걸 엄마와 아이와의 관계에 대입해도 똑같습니다. 엄마와 아이의 거리도 적당해야 더 잘 보이거든요. 아이가 어떤 성향과 기질인지, 어떤 성격인지, 무엇에 호불호가 있는지 객관적으로 알게 됩니다. 만약 완벽한 엄마라면 '내가 다 알아, 나만 따라와, 내가 시키는 것만 잘하면 돼'라고 말할지 모르겠습니다. 완벽한 엄마는 아이의 심리치료사, 육아 전문가, 진로 컨설턴트, 엄마표 공부 전문가 등 할 수 있는 모든 걸 다 해 주려고 합니다만, 사실 불가능한 일일뿐더러 그렇게 하더라도 나중에 아이에게 대가를 요구할 가능성이 크지요.

좋은 엄마가 되고 싶다면 그냥 좋은 사람이 되면 됩니다. 좋은 엄마는 자신을 사랑하고 역시 아이를 사랑합니다. 나를 돕고 역시 아이를 돕습니다. 자신을 바로 세우고 역시 아이의 독립을 지원합니다. 나의 꿈을 꾸고 역시 아이의 꿈도 응원합니다. 달리 말하면 좋은 엄마는 좋은 사람이 되기 위한 여정, 그 어딘가에 있는 사람이라고도 볼 수 있겠습니다. 그 여정을 통해 엄마는 순수한 사랑과 헌신, 기여를 깨닫습니다. 세상보다 더 커진 마음으로 자기 자신과 삶을, 그리고 아이를 온몸으로 껴안을 수 있는 순간을 맞이합니다. 세상 어디에 이보다 더 큰 기쁨이 있을까요.

엄마를 위한 메타인지 질문법

1. 아이를 생각하면 주로 어떤 감정이 드나요?

2. 나는 평소 아이에게 어떤 말을 많이 하나요?

3. 아이는 평상시 나에게 어떤 반응을 주로 보이나요?

4. 나는 언제 아이에게 칭찬을 해 주나요?

5. 나는 주로 어떤 경우에 아이에게 화를 내거나 야단을 치나요?

6. 내가 아이에게 진짜 원하는 건 뭔가요?

7. 아이가 나에게 진짜 원하는 건 뭘까요?

8. 아무 걱정이 없다면 아이와 무엇을 하고 싶나요?

9. 나는 엄마로서 백 점 만점에 몇 점이라고 생각하나요?
   그 이유는?

완급 조절에 포인트를 두고

부모 역할을 하는 게 쉽지는 않습니다.

하지만 아이가 '우리 부모님은 나를

잘 이해해 주고 믿어주는 사람'이라는 인식이

밑바탕에 있는 한 절대 거짓말을

밥 먹듯이 하지는 않을 겁니다.

4장

문제는 있지만
문제아는 없다

그냥 화가 나요

3학년 준하는 학교에서 모르는 사람이 없습니다. 또래보다 덩치가 크니 행동도 자연 눈에 띄는데 목소리도 기차 화통을 삶아 먹은 거처럼 크거든요. 품행도 방정하지 못하니 매일 꾸지람을 듣습니다. 뭐라고 야단을 치면 "그냥 화가 나요."라고 대꾸하니 저로서도 난감했지요. 부모님에게 연락을 취해도 달라지는 건 없었어요. 엄마는 우울증으로 인해 무기력한 상태였고, 아빠는 화를 내거나 무관심하거나 둘 중 하나였거든요.

그러다 결국 사달이 나고 말았습니다. 하교 후에 놀이터에서 놀다가 친구를 밀쳤는데 그만 크게 다치고 말았어요. 상대 친구는 병원에 입원했고, 준하 가족에게 많은 보상금을 요구했습니다.

이 일을 계기로 저는 준하 부모님께 준하가 상담을 받았으면 좋겠다고 권했어요. 아이의 심리 상태에 대해 좀 더 자세히 알고 도와줄 필요가 있다는 생각이 들었거든요.

　학교에서 이루어진 상담 선생님과의 미술치료를 통해 준하에 대해 많은 것을 알게 되었습니다. 제일 처음 준하가 그린 어항 그림을 보고 놀랍기도 하고 안타까웠어요. 아빠 물고기는 멀리 가 버려 보이지도 않습니다. 엄마 물고기는 꼼짝하지 않고 누워있기만 했어요. 그림 속의 어린 새끼 물고기는 혼자 청소도 하고, 밥도 짓습니다. 무관심하고 무기력한 엄마를 대신해 준하가 모든 일을 다 하고 있었던 거예요. 그러면서도 준하는 엄마가 너무 안쓰럽다고 말했다네요.

　가정에서 준하가 있을 곳은 없어 보입니다. 열 살이면 아직 부모에게 투정을 부리고 징징거리며 아기처럼 행동할 나이입니다. 아이들이 나이에 맞는 자기 역할을 하면 좋으련만, 준하처럼 일찌감치 애어른이 된 친구들이 많습니다. 그들은 아이로서 자신들이 드러내야 할 욕구와 감정을 무의식 깊숙이 감춰 두고 있습니다. 결국 강제로 억눌린 감정은 화가 되고, 분출되지 못한 화는 분노가 됩니다.

　준하는 깊숙이 숨겨 두었던 분노를 학교에서 분출했던 거예요. 학교에는 때리는 아빠도 없고, 우울한 엄마도 없거든요.

오히려 자신이 이상한 행동을 할 때마다 선생님이나 친구들이 관심을 가지니 그게 오히려 더 좋았던 거지요. 그렇게라도 타인과 접촉하고 싶고, 사랑받고 싶었던 거예요.

우리는 타인을 대할 때 겉으로 보이는 모습만으로 판단하곤 합니다만 보이는 것만이 전부는 아니지요. 준하는 겉모습만 보면 영락없이 문제아입니다. 골치 아픈 녀석이라 생각하고 계속 혼을 내거나 야단을 치면 아이의 행동은 부정적으로 강화될 뿐입니다.

아이가 왜 저런 행동을 할까?
아이가 진짜 원하는 건 뭘까?
아이 행동 이면에 숨은 욕구는 무엇일까?

이런 질문들을 하면서 아이의 속마음을 들여다보세요. 하지 못했던 많은 말들을 가슴에 품고 있을지도 몰라요. 아이들은 자신들의 마음을 들여다보질 못한답니다. 특히나 준하처럼 어린 나이부터 자신의 감정을 드러내지 못한 아이라면 더 그렇지요. 친구를 괴롭히면 그 친구의 마음이 아플 거라는 걸 짐작하지 못해요. 공감받아 본 적이 없는데 누구에게 공감할 수 있을까요. 친구를 놀리고, 수업을 방해하는 행동들은 그저 자신을 드러내고 싶어서 그런 거거든요. 혼자 너무나 외로운 아이는 그렇게라도 다른 사람들과 연결되고 싶은 거지요. 아이의 숨겨진 말은 '내가 이렇게 아픈데, 아픈 날 좀 바라봐 줘. 안아 줘. 사랑해 줘.'인 거예요.

상처받은 아이들은 거칠게 자신을 포장합니다. 사랑받고 싶지만 자기가 어떤 감정을 느끼는지, 진짜 뭘 원하는지 몰라요. 관심받고 싶지만 어떻게 하는 게 올바른 건지도 모릅니다. 사랑을 받지 못했기 때문에 친구나 타인을 사랑하는 방법도 모릅니다. 자기가 가지지 못한 것을 줄 수는 없으니까요.

내 아이에게는 지금 어떤 모습이 보이나요? 부모의 눈으로 이해하기 어려운 모습일지라도 상처받은 아이들을 치유하는 묘약은 사랑밖에 없습니다. 사랑에는 치사량도 없습니다. 무한정 주어도 탈이 나지 않습니다.

준하에게 가장 필요한 것 역시 사랑입니다. 아이가 잘되기를 바란다고 자꾸 가르치거나 훈계한다면 그건 완전히 잘못된 처방이지요. '잘했다, 예쁘다, 고맙다, 괜찮다.' 이 말은 심장에 상처가 난 아이들에게 특효약입니다(마음에 상처가 난 어른들에게도 동일한 효과가 있습니다). 단, 상처가 아물 때까지의 기다림이 필수라는 것도 잊지 마시고요.

모든 게 궁금해요

횡단보도에서 신호를 기다리고 있는 아빠와 아이가 보입니다. 아이가 아빠에게 계속 질문을 하네요. "아빠, 이건 뭐야?", "아빠, 아빠, 저건 왜 저렇게 생겼어?", "아빠, 지금 가면 안 돼?" 초록불로 바뀌는 잠깐 동안 아이는 아빠를 수십 번 부릅니다. 흘깃 옆 눈길로 보니 아빠는 난처하면서도 피곤한 모습입니다. 처음에는 정성껏 대답해 주다가도 인내심은 금세 바닥이 나게 마련이죠.

아이의 눈에 비친 세상은 얼마나 흥미롭고 다채로운 곳일까요? 신호등 앞의 그 꼬마 아이를 보며 제 아이들의 어릴 적 모습이 떠올랐답니다. 주말이면 종종 한강변으로 놀러 갔는데, 실컷 놀다 지치면 돗자리를 펴고 눕곤 했습니다. 어른인 저에게는 너무나 당연한 풍경이건만 아이들에게는 구름 한 조각이 흘러가는 것도, 새 떼가 날아오르는 것도, 바람이 뺨을 간지럽히는 것도 모두가 생경한가 봅니다. 두 녀석이 서로를 간지럽히며 쉴 새 없이 재잘대며 묻습니다. 아이들이 '이건 뭐야, 저건 뭐야?'라고 물으면 그제야 시선이 갑니다. 제 눈에는 보이지 않던 수많은 것들이 아이들에겐 어찌 그리 잘 보일까요?

어른들이 느낄 수 없는 걸 아이들은 미세하게 느끼고, 들리지 않는 걸 더 풍부하게 듣습니다. '다 안다'라고 착각하는 어른들이 사실은 눈과 귀를 닫고 아이들보다 좁은 시야로 사는지도 모릅니다. 내가 아는 것이 전부라고 생각할수록 좁은 세상에 갇히게 되거든요. 알고 싶은 것도 궁금한 것도 없어지니 '그럴 수도 있어, 새로운 걸 알게 되었네. 그런 방식이 있는 줄 몰랐는데 알게 되어 다행이야, 그래서 너의 생각은 뭐야? 더 새로운 건 없을까? 또 다른 뭘 할 수 있을까?'라고 말하지 않게 되지요.

반면, 어린아이는 세상의 모든 게 새롭습니다. 완벽한 호기심 그 자체입니다. 세상이 온통 알고 싶고 배우고 싶은 것으로 넘치니 배움을 멈추지 않을 겁니다. 좌절하더라도 계속 시도합니다. 왜냐면 배우는 건 재밌는 거거든요. 궁금한 걸 해결하게 되니 정말 즐거울 겁니다.

그런데 아이가 "너는 그것도 모르니? 어떻게 아직도 그걸

물을 수 있어? 그런 쓸데없는 질문은 하는 거 아니야."라는 어른들의 말을 듣게 되면 '모른다'라는 게 부끄러운 것으로 생각합니다. 누군가가 자신의 무지를 알게 될까 봐 입을 다물고 더 이상 묻지를 않게 되지요. 호기심이야말로 자신이 속한 세상을 확장하는 가장 강력한 동력인데 말입니다.

만약 우리 아이의 호기심이 너무나 왕성하다면 귀찮고 불편할 일이 아닙니다. 아이의 질문을 기쁘게 받아들이고 그 생생한 세계로 함께 들어가 보세요. 그동안 놓치고 있던 세상의 한 귀퉁이를 슬쩍 엿볼 좋은 기회일지 모릅니다.

역설적으로 우리 어른들은 자신이 모른다는 것을 인정하려면 이미 많은 것을 알고 있어야 합니다. 내가 아무것도 모른다는 것을 '아는' 순간이 오려면 정말 많은 배움이 있어야 하기 때문이지요. 아는 게 없어서 모든 게 궁금한 아이와, 알고 보니 정작 제대로 아는 게 없는 어른은 어찌 보면 뫼비우스의 띠와 같다는 생각이 듭니다. 결국 둘은 환상의 짝꿍이네요.

100점 아니면 안 돼요

2학년이던 자인이는 친구들을 괴롭히고 장난이 지나쳐 여러모로 속을 썩이던 친구였습니다. 싸움이 잦자 주변 엄마들의 민원 전화도 종종 오곤 했지요. 그럴 때마다 난처했던 건 자인이 부모들의 태도였습니다. 상황 설명을 해도 일단 듣지를 않습니다.

친구를 때리는 것은 옳지 않으니 가정에서 지도해 달라고 하면 자기는 아이한테 맞지 말고 먼저 때리라고 가르쳤으니 되려 자기 아이가 잘했다고 합니다. 부모가 태도를 바꾸지 않으니, 자인이도 도무지 달라지지를 않았어요.

자인이의 행동 중 눈에 띄는 특이한 점이 또 있었습니다. 2학년임에도 불구하고 시험 성적에 무척이나 예민하다는 거예요. 그 나이엔 수학 시험을 100점 맞을 수도 있고 못 맞을 수도 있으련만, 아이는 100점을 받지 못하면 엉엉 울었습니다. 이유인즉슨 100점을 받지 못하면 부모님께 엄청 혼이 난다는 거예요.

아이에게는 오로지 좋은 성적을 받는 것, 그리고 친구들을 이기는 것 외에는 중요한 게 없어 보였지요. 모두가 경쟁 상대인데 친구가 될 수 없는 건 어찌 보면 당연한 것 같습니다. 9살 자인이가 그런 태도를 갖게 된 데는 부모의 영향이 컸을 거라 짐작됩니다. 부모의 태도로 인해 경쟁에서 무조건 이겨야 하고, 만약 이기지 못한다면 '넌 사랑받을 자격이 없다'라는 인식이 아이의 무의식 속에 깊숙이 주입되었을 테지요.

경쟁의 원인은 비교하는 마음에 있습니다. 누가 더 많이 가지고 못 가졌느냐, 누가 권력을 가지고 있느냐 하는 비교의 마음은 나와 타인을 이분법으로 갈라놓습니다. 남과 비교해서 내가 잘나 보이면 나는 괜찮은 사람이 되고, 못나 보이면 한없이 초라해집니다. 비교의 대상이 되는 누군가는 내 인생의 경쟁자이자 적이 되겠지요.

설사 자신이 그들을 이긴들 더 괜찮은 사람이 될 수 있을까요? 비교의 잣대를 가져다 대면 세상엔 나보다 잘생기고, 더 많이 가지고, 더 몸매 좋고, 더 많이 배운 사람들이 있을 수밖에 없는데 말입니다.

아직 9살밖에 되지 않은 자인이는 부모님의 사랑을 받기 위해 자신이 무언가를 해야 한다고 생각합니다. 그래서 100점을 받으려고 애를 쓰고, 친구에게 지지 않으려고 가시를 잔뜩 세웁니다. 언젠가는 그 가시가 부모나 자기 자신을 향하지 않을까 염려됩니다.

오히려 노력하지 않아도 자신이 있는 그대로 사랑받을 자격이 있다는 것을 알고 있는 아이는 강하게 자랍니다. 누군가를 만족시키기 위해 살아가는 것이 아닌, 자기 자신을 위해 살아가는 강단 있고 용기 있는 어른으로 클 가능성이 큽니다.

내 아이를 강한 아이로 키우고 싶으신가요? 그렇다면 경쟁에서 이기고 지는 결과가 중요한 것이 아니라 과정 속에서 최선을 다한 모습을 칭찬해 주세요. 실패해도 괜찮다고 말해 주세요. 대신 다음에 같은 실수를 반복하지 않기 위해 어떤 노력을 해야 할지 아이와 대화를 나눠 보세요. 아무리 힘든 길이라도 함께할 때 더 행복할 수 있다는 믿음이 아이를 진짜 강하게 만들 겁니다. 힘이 있어야 나를 돕고 타인을 도울 수 있다는 걸 알게 되니 말입니다.

아들 가진 엄마라면

개나리가 꽃망울을 터뜨리기 시작하는 3월이 되면 많은 학교에서는 학부모총회를 합니다. 제가 두 아들의 엄마라는 걸 알게 되면 아들 가진 엄마들은 반색하지요. 딸만 키우는 엄마들은 이해하지 못할 아들 가진 엄마들의 고충이 있거든요. 아마도 자신들의 처지를 잘 이해할 것 같다는 안도감과 동지를 만난 것 같은 든든함을 느끼는 것 같습니다.

남자아이와 여자아이 사이에는 기질적인 차이가 분명 존재합니다. 남자가 여자보다 뇌 발달 속도가 느리고, 타인을 이해하고 배려하는 공감 능력 역시 여자아이들이 훨씬 더 성숙하다 보니, 남자아이를 키우는 부모들은 아무래도 속 터질 일이 많습니다.

남자아이들에게 전달하는 메시지는 분명해야 합니다. 여자

아이들처럼 눈치껏 알아서 하는 일은 좀처럼 일어나지 않거든요. 대신 '지금 상황이 이러이러하니 엄마는 네가 무엇을 어떻게 언제까지 했으면 좋겠다.'라고 명확하게 해야 할 것을 알려 주고, 언제까지 어떻게 할지도 세세하게 말해 주어야 합니다. 분위기 보며 알아서 대충 할 거라는 모호한 생각과 기대는 오해만 낳을 뿐입니다. 명확하게 의사 전달을 했다면 여러 번 재촉하기보다는 기다려 주는 것이 좋겠지요.

또한, 운동을 해서 에너지를 분출할 수 있도록 하는 시간이 절대적으로 필요합니다. 남녀는 호르몬 분비에 있어서도 확연한 차이가 있습니다. 남자아이에게 주로 분비되는 테스토스테론은 과거 사냥과 전쟁에서 우위를 확보할 수 있도록 활동적이고 경쟁적인 모습으로 만들어 줍니다. DNA에 각인된 사냥 본능은 땀이 흠뻑 나도록 운동하거나 하루 종일 공을 차도 무방하도록 프로그램되어 있지요.

제 아들들도 게임을 많이 하긴 했지만, 여가 시간에는 주로 운동을 하게끔 유도했어요. 검도, 수영, 스키, 자전거도 꾸준히 했고 엄마인 저와 10km 마라톤에 참여하기도 했답니다. 함께 운동하면, 아이는 안전한 공간에서 맘껏 에너지를 발산할 수 있고, 부모 입장에서도 아이와 소통하는 좋은 기회를 얻는 셈이지요.

그리고 잘한 건 잘했다고 인정해 주고, 못하는 건 될 때까지 느긋하게 기다려 주세요. 초등학교까지는 아무래도 여자아이가 신체 성장이 빠르기도 하고, 손으로 하는 글씨 쓰기나 만들기, 그리기도 좀 더 꼼꼼하게 하는 편입니다. 자꾸 여자아이들과 비교하면 주눅만 들 뿐이에요. 느릴 수 있고, 언젠가는 잘할 수 있다고 생각해야 합니다. 특히, 여자아이들이나 주위의 잘하는 누군가와 비교한다면 '서툴지만 잘하려고 했던' 마음에 재를 뿌리는 격입니다. 남자아이들 특성상 가까운 누군가에게 인정받고 있을 때 더 잘하고 싶은 마음이 생기거든요.

대신 행동이 거칠고, 위험한 행동으로 자신과 타인에게 해를 끼친다면 매우 단호하고 엄격하게 훈계를 해야 합니다. 절대 해서는 안 되는 행동은 처음부터 단호해야 합니다. '다음부터'라는 말로 면죄부를 주면 아이는 점점 대담해질 수 있거든요.

그 중간 어디쯤에서 아이들을 기다리고 가르친다는 것이 쉽지 않겠지만, 만약 우리 아이, 특히 아들이 더 부산스럽고 느리고 시끄럽고 에너지가 넘친다면 엄마의 인내는 필수입니다. 제 아이들 역시 번갈아 가면서 팔다리에 깁스를 하는 바람에 엄마인 제 속깨나 썩였지요. 사건 사고로 하루도 조용할 날이 없었던 시간들이었지만 그래도 제 눈에 예쁜 자식이니 애지중지

키우는 거지요. 다만, 에너지 넘치는 아이들이 적절히 힘을 분배하고, 거친 행동을 다듬어서 둥글둥글해질 수 있도록 엄마가 더 파이팅 넘치게 아이들을 도와줘야겠습니다.

사춘기가 빠른 여자아이들

초등학교 1~2학년 아이들은 남녀에 대한 인식이 명확하지 않습니다. 남자 여자 할 것 없이 어울리기 좋아하고, 놀면서 손을 잡더라도 그리 대수롭지 않게 생각합니다. 세상이 여전히 나를 중심으로 돌아가는 시기라 주변 반응에 그리 민감하지도 않습니다. 친구에 대한 판단분별이 별로 없고, 두루두루 어울리며, 싸우더라도 금세 다시 어울려 놀지요.

그런데 3~4학년이 되면 서서히 남녀의 구별이 생기기 시작하고 싫고 좋은 친구의 구분도 뚜렷해집니다. 인기 있고 주목받는 친구들이 생겨나기도 하지요. 남녀의 기질 차이도 확연히 드러납니다. 남자아이는 활동적이고 동작이 크지만, 여자아이는 조용조용하고 차분한 편입니다.

여자아이들은 남자아이들보다 상대적으로 예민해서 교실

분위기나 선생님의 감정을 읽고 눈치껏 알아서 합니다. 여자아이들의 신체적, 정신적 발육이 훨씬 빠르다 보니, 고학년이 되면 격차는 더 벌어집니다. 여전히 남자아이들은 세상 물정 모르는 철부지 같은데, 여자 친구들은 아기 티를 일찌감치 벗어던지고 어른들의 세상을 기웃기웃하거든요.

그러다 보니 남자아이 엄마 못지않게 여자아이를 키우는 엄마들도 어려움을 호소합니다. 남자아이처럼 과한 행동으로 정신 사납게 하거나 친구와 주먹다짐을 벌이지는 않지만, 한 번 삐쳐 토라지면 그 속을 알 수가 없거든요.

친구가 예쁜 옷을 입고 왔다고 질투하기도 하고, 나와 친한 친구가 다른 친구와 노는 꼴을 못 보기도 합니다. 거기에 더 나아가 단짝, 절친이라는 이름으로 자기들 그룹에 다른 친구들은 절대 끼워주지 않으려고 하지요. 끼리끼리 그룹을 만들어 다른 그룹 친구들에게 배타적으로 굴거나 티가 나지 않게 은연 중에 자기들보다 못났다고 생각하는 그룹의 친구들을 비웃거나 조롱하기도 하고요. 이러한 것들이 드러나지 않고 은밀하게 진행되는 경우가 많습니다.

여자아이들의 사춘기는 남자아이들에 비해 다소 빠른 편입니다. 이르면 초등학교 4학년에 이미 감정적, 신체적인 변화를 겪기 시작하고 6학년 정도가 되면 겉으로는 이미 성인과 분간이 되지 않을 정도로 발육 속도가 빠르기도 하지요.

많은 친구들이 이성이나 연예인에 관심을 갖기 시작하고, 간혹 친구 관계가 세상의 중심이자 전부가 되기도 합니다. 이때 부모가 지나치게 간섭하고 잔소리하는 건 오히려 역효과를 불러일으킬 수 있습니다.

오히려 아이들이 좋아하는 문화에 대해 이해하고 대화를 나누려고 노력해 보세요. 어떤 노래를 즐겨 듣는지, 요즘 유행하는 춤이 뭔지, 친구들과 주로 어울리면서 무얼 하고 노는지 관심을 기울여 보세요. 함께 하면 베스트겠지만, 그렇지 않다면 그들이 신이 나서 하는 이야기와 관심사에 호응해 주세요. 학생의 신분을 벗어나는 일탈이나 위험한 행동이 아니라면 어디까지 허용할 수 있는지 대화를 나누고 그들에게 그것들을 즐길 수 있는 공간을 내어주세요.

만약 이때 친구 문제로 고민이 깊다면 부모가 해결해 줄 수 있는 건 일단 없다고 봐야 합니다. 대신 나섰다가는 오히려 문제가 불거질 수 있고, 아이들 역시 달가워하지 않을 거예요. 물론 그것이 심각한 폭력이나 심리적인 상처를 주는 중대한 일이라면 즉시 개입해야겠지만, 사소한 다툼이나 말싸움이라면 거리를 두고 지켜봐 주세요.

아이 옆에서 속상해하는 아이의 이야기를 들어 주고, 맞장구도 쳐 주면 그것으로 충분합니다. 친구와의 문제가 아이의 잘못이 아니라 서로의 오해 때문이라면 지혜롭게 해결하는 방법을 알려 주세요. 만약 친구가 말도 안 되는 이유로 삐지거나 감정이 상한 거라면 '넌 아무 잘못이 없어. 너의 가치를 알아보지 못하는 ○○이 좋은 친구를 사귈 기회를 놓친 거야'라며 아이를 위로해 주세요.

여자아이들과는 일단 소통이 잘 되고 신뢰할 수 있는 공감대가 형성되면 그 이후는 너무나 쉽습니다. 아이마다 케이스가 다르겠지만 어른이 먼저 수용하고 이해하면서 다가가면 폭풍 같은 시간은 결국 지나갑니다. 다시 예쁘고 사랑스러운 원래의 아이로 돌아오니 믿고 기다리면 되겠습니다.

친구랑 놀고 싶어요

제가 클 때만 해도 유치원 다니는 친구는 드물었습니다. 아침마다 유치원 등하원 버스가 집 앞에 기다리고 있으면 괜히 어깨가 우쭐했었어요. 햇살 좋은 날 유치원 앞마당에서 모래놀이하고, 개울에서는 옷 흠뻑 적셔 가며 가재를 잡았던 일은 따스한 추억으로 남아 있습니다. 초등학교에 입학하자마자 엄한 담임 선생님을 만났지만 그래도 여전히 학교 가는 일은 즐거웠습니다.

학교 운동장은 아이들 차지였어요. 종일 죽치고 앉아 놀아도 뭐라 하는 사람 아무도 없었으니까요. 공기, 고무줄, 오재미를 내내 하다 그것도 지겨우면 빈 나뭇가지 하나 가지고 "하하 호호" 웃으면서 놀았어요. 친구가 자전거라도 끌고 운동장에 나타나는 날이면 돌아가며 해질 때까지 자전거를 타며 놀았지요.

아마 혼자였다면 재미없었을 거예요. 친구들과 함께여서 시간 가는 줄 몰랐겠지요.

그에 비하면 요즘 아이들은 친구 사귀기가 점점 어려워지는 것 같습니다. 많은 아이들의 일정을 보면 어른들 못지않게 빡빡하거든요. 그러다 보니 친구를 사귈 시간도 없고, 함께 놀 시간도 부족합니다. 그래서인지 요즘 아이들이 제일 많이 하는 말은 "놀고 싶어요"입니다. 친구랑 하루 종일 신나게 놀고 싶은 게지요.

어떤 친구들은 학원 일정을 끝내고 집으로 돌아오면 밤 10시가 넘는다고 합니다. 숙제를 끝내고 씻고 자리에 누우면 보통 12시가 훌쩍 넘는 일이 다반사지요. 만약 저에게 그런 스케줄을 소화하라고 하면 솔직히 말해 자신이 없습니다. 어른들 역시 열심히 일하고 퇴근하면 집에 가서 다리 뻗고 눕고 싶습니다. 아이들도 마찬가지예요. 학교에서, 학원에서 일정을 마치고 집에 가면 간식 먹고, 편안히 누워 뒹굴거리고 싶지 않을까요? 아무것도 하지 않아도 좋을 해방감, 어떤 걱정도 없이 친구들과 신나게 놀고 싶은 마음이 들겠지요.

쉬는 시간에 아이들이 보드게임을 하는 걸 유심히 볼까요? "누가 먼저 시작할래? 가위바위보로 정할까? 네가 먼저 냈으니

다시 해, 이건 반칙이야, 이번 게임은 룰을 다시 정해서 해 보자, 쉬는 시간 3분 남았으니 빨리 해야 해, 정리는 누가 할래? 이번 규칙은 이렇게 해 볼까? 너 중간에 그렇게 하면 안 돼, 설명서에는 그렇게 하면 안 된다고 되어 있어."

그 짧은 시간에 아이들은 서로 협력하고, 규칙을 만들고, 갈등이 생기면 문제를 해결하려고 노력합니다. 불공정한 것에 대해 항의하고 자신의 감정을 표현하는 법을 익히기도 하고요. 잘하는 친구의 전략과 태도를 모방하면서 자기 기술을 발달시켜 나가고, 만약 자신이 잘못했다면 사과하는 것도 배웁니다. 정리와 정돈을 통해 학급에 봉사하고, 친구들의 인정과 선생님의 칭찬을 통해 긍정적인 행동을 강화해 나가기도 합니다.

아이들에게 그런 여유와 배움의 시간을 주세요. 특히 초등학교 시절은 아무 걱정 없이 뛰어놀고, 친구랑 어둑해질 때까지 자전거도 타고, 축구도 해야 합니다. 일주일에 적어도 하루는 친구들과 삼삼오오 운동장 놀이터에서 술래잡기도 하고, 달리기도 해야 해요. 초등시기까지는 엄마가 좀 여유롭게 아이에게 공부하는 힘과 다양한 배움의 기회를 제공한다고 생각하면 좋을 것 같아요. 가장 좋은 배움의 장은 바로 친구들과의 놀이일 수 있답니다.

학교폭력에 대처하는 방법

한때 학교폭력을 모티브로 한 권선징악 드라마가 인기였던 적이 있습니다. 결말이 예측되는 뻔한 서사임에도 불구하고 여주인공이 친구들로부터 받았던 끔찍했던 상처들이 클로즈업되자 저도 모르게 몹시 감정이입이 되더군요. 교직 생활을 하면서 아이들의 장난으로 치부하기에는 도를 넘어서던 몇몇 사건들이 선명하게 오버랩되면서 더 화가 났던 것 같습니다. 여전히 우리가 학교폭력에 관심을 기울여야 하는 이유는 그것이 관계된 모든 이들에게 심리적, 육체적 트라우마를 안기기 때문이지요.

대부분 교실에서 이루어지는 아이들의 다툼이나 갈등은 담임 선생님의 중재로 해결되는 경우가 많습니다. 하지만 사건이 정상적인 범위를 넘어서거나 담임 선생님이 감당할 수 없을 정도로 심각해졌다면 신고 접수하는 것이 가장 좋은 방법입니다.

통제 불가능한 아이들의 반복되는 횡포, 가해 학생 부모의 무반응이나 냉담, 성적인 사안이나 재산상 손실이 있는 경우라면 반드시 명확하게 사안을 조사하고 잘잘못을 가려야 선량한 다수의 아이들이 피해를 보고 상처받는 일을 막을 수 있습니다. 다음은 서울시교육청에서 배부된 학교폭력 사안처리 가이드북*의 일부입니다.

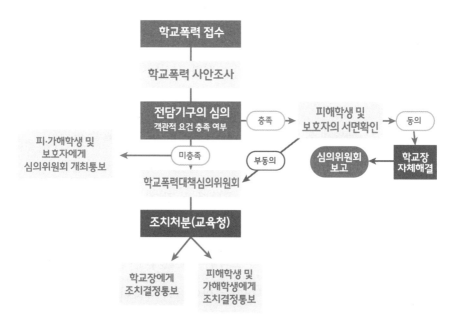

* 출처: 『2023년 개정판 학교폭력 사안처리 가이드북』, 교육부, 이화여자대학교 학교폭력예방연구소

흐름도에서 알 수 있듯이 사건 발생을 인지하면 신고, 접수 및 학교장·교육지원청에 보고합니다. 이 과정에서 가해자와 피해 학생 분리 의사 확인서를 받는데요, 만약 분리를 희망한다면 학교 내의 별도 공간에서 수업받거나 원격수업을 받게 되지요. 성범죄인 경우에는 수사기관이나 성폭력 전문상담기관 그리고 병원을 지정하여 피해 치유가 이루어집니다.

사안 조사를 통해 재산상 피해가 있는지, 즉각 복구되었는지, 폭력의 지속성이나 보복행위가 있었는지 판단합니다. 만약 없다면 피해 학생과 그 보호자의 동의서를 서면으로 받은 후 학교장 자체 해결로 종결됩니다.

그렇지 않다면 심의위원회에서 분쟁을 조정하고 조치 결정이 내려집니다. 가해 학생에 대한 조치 결정은 가볍게는 제1호인 피해자에 대한 서면 사과부터 제9호 처분인 퇴학까지 내려지게 됩니다. 처분을 받은 가해 학생과 보호자는 모두 특별교육을 이수해야 하고요. 만약 이수 조치를 따르지 않으면 보호자에게 300만 원 이하의 과태료가 부과됩니다. 물론 조치에 불복하는 사례도 있습니다. 이때는 행정심판, 행정소송으로 이어지니 꽤 복잡해집니다만, 아주 예외적인 경우가 아니라면 사실 여기까지 가는 경우는 그리 많지 않습니다.

이론은 매우 심플하지만, 현실에서는 그렇지 않은 경우도 많지요. 부모들끼리 전화를 해서 이러쿵저러쿵 얘기하다 감정의 골이 더 깊어지기도 하고, 정작 신고해야 할 위중한 사안임에도 '나중에 우리 애에게 불이익이 생기면 어떻게 할까?' 하는 걱정으로 해결을 위한 적당한 타이밍을 놓치기도 합니다. 혹은 담임 선생님이나 학교 관리자로부터 사안에 관해 정확한 설명을 듣기도 전에 부모가 학교로 찾아와서는 관련 학생에게 폭언이나 난동을 부려 사건이 더 복잡하게 꼬이기도 하지요. 실제로 과거에는 피해자의 부모가 찾아와 가해자로 여겨지는 아이의 뺨을 때리거나 정문 앞에서 기다리다 혼을 내는 경우가 적지 않았습니다.

가장 좋은 해결책은 모두가 합의한 원칙과 절차를 따르는 것입니다. 이러한 절차는 한두 해 만에 만들어진 게 아닙니다. 2012년 근절 대책이 세워진 후 무려 10년이 훌쩍 넘었습니다. 여러 번의 개정을 거치면서 모두가 납득할 만한 형태로 변화되었다고 생각합니다.

가해 학생에게는 잘못된 행동에 대해 책임지는 법을 가르치고, 피해 학생에게는 학교나 사회, 어른들이 안전한 보호막이 되어 준다는 걸 인지시킬 수 있어야 합니다. 만약 흐지부지 넘어간다면 아이들은 공정한 사회에 대한 의구심을 갖게 될지도 모릅니다.

더불어 내 아이가 학교폭력에 연루되었다면 어떻게 해야 할까요? 가해자라고 판명이 났다면 학교폭력대책심의위원회까지 가지 않도록 하는 게 최선입니다. 내 아이에 대한 불명확한 믿음으로 자존심을 세우고 있으면 조치 처분까지 갈 수밖에 없어요. 그렇게 되면 결국 학교생활기록부에 기재가 되고 평생 아이에게 꼬리표처럼 따라다니게 될지도 모릅니다. 부모가 아이의 잘못을 먼저 나무라고, 진심으로 피해 학생과 부모에게 사죄하고 용서를 구해야 합니다. 진심은 통하게 마련이라 웬만하면 거의 구두로 합의가 되는 경우가 많거든요.

반대로 피해 학생이라면 아이의 마음에 상처와 응어리가 남지 않도록 부모가 최대한 아이 편에 서야 합니다. '그러게 그 애랑 놀지 말라고 했잖아, 좀 더 조심했어야지, 엄마 말 안 듣더니 이런 일이 생겼잖아' 등의 말로 두 번 상처 주는 일은 없어야겠지요.

반복되는 욕설이나 사이버폭력, 심리적이고 성적인 수치심, 물리적 폭력에 의한 신체적 상해를 입은 아이는 이미 충분히 불안하고 위축된 상태입니다. 치료와 회복을 위해 부모가 온 힘을 다해야 합니다. 부모 멋대로 '이쯤에서 그만하자'라고 해서도 안 됩니다. 아이가 납득할 수 있는 처분이 이루어질 때까지 진짜 보호자로서의 역할을 해야 하는 것이지요.

또 다른 문제는 일부 폭력을 가볍게 여기는 태도입니다. 종종 가해 학생 부모님의 경우에는 "우리 때는 그런 걸 폭력이라 부르지 않았어요.", "그냥 장난일 뿐인데 그렇게 호들갑을 떨 필요가 있나요? 원래 애들 사이에 그런 일은 흔한 것 아닌가요?"라고 말하기도 하거든요. 하지만 지금은 예전처럼 '장난이었어요, 몰랐어요'라는 말은 더 이상 통하지 않습니다. 그만큼 집단 내 교육도 강화되었고, 사회적으로도 쉽게 용인되지 않기 때문이지요.

그리고 평상시에 부모는 학교폭력의 징후가 있는지 유심히 살펴봐야 합니다. 아이가 학교 가기 싫어한다거나, 몸을 자꾸 가리고 보여주지 않거나, 이유 없이 짜증이나 화를 내면 의심해봐야겠지요. 가장 중요한 건 아이에게 '언제나 엄마 아빠는 네 편'이라는 믿음과 확신을 지속해서 주는 거예요. 그래야 무슨 일이든 부모에게 털어놓을 수 있거든요.

학교폭력을 당한 아이는 두렵습니다. 괴롭힘이나 왕따로 힘든 아이에게 학교는 지옥처럼 느껴질 거예요. 지속적인 폭력

에 노출된 아이들은 부모와 어른보다 또래를 더 무서워하거든
요. 아이가 필요로 할 때 든든한 울타리가 되어 주는 것이 부모
의 가장 중요한 역할 중의 하나입니다. 내 아이의 가장 친한 친
구가 누구인지, 방과 후에는 누구와 어울려 노는지, 아이가 학
교에서 어떻게 지내고 있는지 정도는 알고 있어야겠지요. 지금
당장 아이의 친한 친구 이름 3명이 기억나지 않는다면 좀 더 아
이와 대화를 나누는 시간을 늘리시면 좋겠습니다.

우리 애가 ADHD라고요?

ADHD는 Attention Deficit/Hyperactivity Disorder(주의력 결핍 과잉 행동 장애)의 약자입니다. 여기에 해당하는 친구들은 주로 자기 행동을 제어하지 못하고 수업 분위기나 맥락과 상관없이 '과한 행동'을 합니다.

ADHD 친구들은 어렸을 때부터 과잉 행동으로 인해 부모님이나 교사들의 지적을 받을 가능성이 높습니다. 그러면 자연스레 자존감이 떨어지고, 집중력이 부족하니 학습도 따라가지 못하는 경우도 많지요.

제가 가르쳤던 지훈이는 1학기 학급회장이었어요. 공부도, 운동도 잘하고 친구 관계도 좋은 이른바 모범생이었지요. 그런데 어느 날 상담 기간도 아닌데 지훈이 어머님이 만나고 싶다는 연락이 왔습니다. 담임에게 미리 자초지종을 알려야 할 것 같다는 이유에서였지요. 지훈이는 ADHD 판정을 받고 약을 먹은 지 2~3년 정도 되었더군요. 엄마 입장에서는 모든 것이 염려되었겠지요. 수업 중에 소란스럽게 하지는 않는지, 친구들과는 잘 지내는지 걱정되었을 테고, 살이 빠져서 점점 말라가는 아이를 보며 마음도 아팠을 거예요.

사실, 한 달가량 함께 생활하면서 전혀 눈치채지 못했습니다. 보통 약을 먹으면 식욕이 떨어져 급식을 많이 남기거나 무기력해지기도 하는데 지훈이는 그렇지 않았거든요. 엄마가 노심초사하는 것과 달리 지훈이는 학교생활을 정말 잘해 나가고 있었어요. 상황이 너무 좋은지라 일단 약을 끊고 지켜보자고 했어요. 이후 다른 징후들이 나타난다면 그때 다시 상의해 보자고 하면서 말이지요. 지훈이는 그해 내내 약을 먹지 않았습니다.

하지만 지훈이 부모님과 달리 상담이나 검사를 권해도 '우리 아이는 그럴 리가 없다, 단지 활동적인 것뿐이다, 집에서는 얌전하다'라며 권유를 뿌리치는 경우도 종종 있습니다. 제가 가르쳤던 준성이는 고학년이 되어 친구들과 갈등이 심각해지자, 본인이 상담을 받고 싶다고 나선 케이스입니다. 부모님도 그제야 문제의 심각성을 인지하고 검사를 받겠다고 했지요. 미리 문제의 원인을 알고 해결하려고 노력했더라면 준성이의 학교생활이 좀 더 편안하지 않았을까 싶어 아쉬움이 남았습니다.

가장 좋은 케이스는 지훈이처럼 문제를 인지한 순간 부모가 열린 마음으로 아이에게 적합한 약물을 처방받거나 치료를 병행하는 경우입니다. 특히 아이와 오랫동안 함께 지내는 담임 교사에게 솔직히 이야기하고 도움을 청하는 것이 좋습니다. 서로가 파트너가 되어 아이의 상태에 대해 지속적으로 피드백을 하고 더 나은 방향을 모색해 나가야지요. 만약 부정과 방관, 회피로 치료의 적기를 놓친다면 몇 배의 수고로움과 비용이 들게 될지도 모릅니다.

ADHD라고 해서 부정적인 선입견을 품을 필요도 없습니다. 호기심이 많고 에너지가 왕성하다 보니 특유의 장점도 있습니다. 한곳에 집중을 오래 못한다 뿐이지 다양한 것에 관심이 많고 열정적입니다.

ADHD 성향이 있지만 성공한 유명인들도 많습니다. 패리스 힐튼은 한 방송에서 본인이 12세부터 ADHD를 앓았다고 고백했지만, 지금은 사업가이자 모델로서 당당하게 자기 분야를 개척하고 있습니다. 금메달리스트인 체조 선수 시몬 바일스 역시 자신은 ADHD가 있어 약물을 복용하고 있음을 부끄럽지 않다며 고백하기도 했고요. 마이크로소프트 창업자 빌 게이츠나

에디슨, 아인슈타인 역시 ADHD 진단을 받았거나 경향을 보였지만 극복한 유명 사례에 속합니다.

부모의 관점은 아이들의 삶에 지대한 영향을 미칩니다. 어떤 관점으로 아이들을 대하는지에 따라 낙오자가 되기도 하고 세상 유일무이한 존재가 될 수도 있습니다. 학교도 교사들도 모두 '저능아'라고 포기했던 에디슨에게 "너는 무엇이든 할 수 있단다."라며 보듬어 준 엄마 낸시처럼 말이지요. 적절한 치료와 노력으로 얼마든지 자신만의 강점과 창조성을 발휘할 수 있습니다. 그러니 지레 겁먹을 필요도 없겠습니다.

너무 빠른 이성 친구

요즘은 이르면 초등학교 4학년, 늦어도 6학년 정도면 많은 아이가 이성에 관심을 두기 시작합니다. 지금 부모 세대와 비교하면 이성을 접하는 시기와 이해 정도가 너무나 다르지요. 정확히는 부모들이 '설마 내 아이가?'라며 아이들의 실체에 근접조차 못 하는 경우가 많다고 봐야 할 것 같네요.

부모들이 가장 당혹스러워하는 건 어디서부터 어떻게 조언을 해 줘야 할지 모르겠다는 것입니다. 학교에서도 5학년이 되면 정식으로 성교육을 시작합니다. 간혹 빠른 부모님들은 전문가를 초빙해 성교육 과외를 하기도 한다는군요. 하지만 이론과는 별개로 정작 내 아이의 문제가 되면 난감할 수 밖에 없겠지요.

무조건 응원할 수도 없고, 그렇다고 안 된다고 펄쩍 뛸 수도 없습니다. 일단 아이가 이성 교제를 한다고 해서 모든 걸 어른의 기준으로 생각해서는 안 됩니다. 아이들은 단지 좋아하는 마음이 있거나 호감이 가는 것만으로 고백하기도 하고, 분위기에 휩쓸리거나 호기심에 교제를 시작하는 경우가 많거든요.

가끔 이성 교제를 한다는 친구들에게 사귀면서 뭘 하는지, 학교생활에 어떤 변화가 있는지 묻고는 하는데요, 초등학생의 경우에는 카톡이나 전화 통화를 주로 하고 간혹 등하교도 함께 하는 정도인 것 같습니다. 학교에서는 모둠활동을 함께 하기도 하고, 서로 특별히 좀 더 도와주고 챙겨 주기도 한답니다. 공식 커플이 되면 친구들이 놀리기도 하지만, 그렇다고 크게 개의치는 않는 것 같습니다. 요즘은 사귀는 커플이 워낙 많다 보니 주위 친구들도 그러려니 하거든요. 단둘이 따로 만나 데이트를 하는 경우는 흔치 않은 경우이고요. 물론 중고등학교에 가면 함께 데이트라는 걸 하기 시작하지만요.

원래 부모가 뭐라고 하면 더 하고 싶어지는 게 아이들의 심리입니다. 일단 여지를 두고 이성 교제를 하고 있음을 인정하는 게 좋습니다. 그렇다고 무조건 아이들에게만 맡겨 두어서는 안 되겠지요. 공개적으로 교제를 하는 아이들은 학교에서 관심의 대상이 되거든요. 매번 둘 사이를 엮어 놀리는 친구도 생기고, 다양한 친구와 어울릴 수 있음에도 많은 부분에서 제약을 받을 수도 있고요. 그러니 아이에게 이성 교제를 통해 얻는 것과 잃는 것이 무엇인지 알려 주는 것이 좋습니다. 더불어 부모는 아이가 하는 행동과 스케줄에 평소보다 더 많은 관심을 가져야 합니다.

'아이들이 어련히 알아서 하겠지'라고 생각하는 것은 위험합니다. 아직은 합리적이고 성숙하게 판단할 나이가 아니기 때문이에요. 메신저나 유튜브, SNS에서는 어른들의 연애나 스킨십에 대한 영상이 넘칩니다. 아이들이 그러한 어른들의 행위가 연애라고 생각하고 호기심을 갖는다면 너무 어린 나이에 상처받을 수도 있습니다. 부모가 적절한 가이드라인을 주고, 안전하게 보호해 주어야 합니다.

단둘만이 시간을 보내거나 은밀하게 카톡이나 메시지를 주고받지 않는지도 지켜봐야 합니다. 만약 사귀는 친구가 성적으로 무리한 요구를 하거나 진짜 좋아하는 마음은 없었는데 분위기에 휩쓸려 사귀게 된 경우에는 '거절해도 괜찮다, 싫으면 싫다고 해도 괜찮다'라는 사실을 알려 주어야 합니다. 아이들이 흔히 가는 코인노래방이나 방 탈출 카페, 고양이카페 등도 여러 명의 친구와 함께면 모르지만 둘만 가겠다고 하는 건 허락해서는 안 될 일입니다.

이성 교제를 하다 헤어지면 어떤 친구들은 서먹서먹해 거리를 두기도 하고, 함께 어울리던 친구들과도 사이가 멀어지게 됩니다. 이때도 역시 헤어짐도 자연스러운 것이며, 헤어졌다고 해서 서로를 미워하고 원망할 필요가 없음을 알려 줘야 합니다. 여전히 좋은 친구일 수 있으며, 헤어졌다고 해서 험담하거나 다른 친구들에게 시시콜콜 이야기할 필요도 없다고 말해 주세요.

예전에 비해 이성 교제 시기가 빨라지긴 했지만 그래도 여전히 아이들입니다. 매체에 노출이 많이 되어 알고 있는 게 많을 것 같지만 수박 겉핥기에 불과합니다. 이성 교제를 무턱대고 막을 수도 없고, 그렇다고 '나는 허용적이고 개방적인 부모'라는 마인드로 아이들에게 모두 맡겨 두어서도 절대 안 될 일이지요. 이성 교제를 시작하기 전이라면 어떻게 좋아하는 사람을 대하는 게 바람직한지, 만약 교제를 시작했다면 어떻게 처신할 것인지 차근차근 알려 주면서 아이들의 현명한 멘토가 되어 주시길 바랍니다.

아이의 거짓말

학교에서 근무할 때였어요. 아이들을 하교시키고 얼마 안 있어 전화 한 통을 받았습니다. 아이가 집에 왔는데 너무 서럽게 울어서 자초지종을 물어보니 '친구 ○○이가 자기를 자꾸 △△이라고 놀려서 이제 더는 참을 수 없다, 너무 화가 난다, 학교 가고 싶지 않다'라고 한다는 것입니다.

그렇게 속상할 정도면 제가 알 법도 하련만 제 기억에는 도무지 그랬던 일이 떠오르지 않았습니다. 더 의아한 건 평소 죽이 잘 맞는 친구 사이였던 데다 오히려 이 친구야말로 누구에게 억울하게 지거나 놀림 받고 그냥 넘어가지 않을 정도로 자기주장이 강했거든요. 일단 "내일 자세히 알아보고 다시 연락드리겠다."라고 말씀드린 후 다음 날 두 친구를 불러 어찌 된 영문인지 알아보았지요.

'○○'라고 놀린 건 엄연한 사실이었지만 자기가 먼저 친구 옷을 잡아당긴 것과 친구 핸드폰을 빼앗아 도망가 버린 건 말하지 않았더군요.

저 또한 돌이켜보면 부모님께 거짓말했던 일이 종종 있었습니다. 고등학교 때 문제집값을 부풀려 부모님께 받은 돈을 몰래 용돈으로 쓴 적도 있고, 묻는 말에 은근슬쩍 둘러대기도 하고, 빈약한 거짓말을 보태기도 했었고요. 거짓말이 타인에게 큰 피해를 주거나 습관적으로 반복된다면 문제가 되겠지만, 아이들이 하는 거짓말은 문제를 회피하거나 자신을 보호하기 위해서가 대부분입니다.

예를 들어 "숙제했니?"라고 물으면 (숙제를 아직 하지 않았지만) "네, 했어요."라고 말하기도 합니다. 그리고 부랴부랴 발각되기 전에 숙제를 마무리합니다. 습관성 거짓말이 되어 자기 할 일을 전혀 하지 않거나 태만이 되는 경우가 아니라면 이런 비슷한 경험은 모두 있을 법한 일입니다.

먼저 앞선 경우와 같이 아이가 자신을 보호하기 위해, 혹은 부모에게 혼나는 걸 모면하기 위해 거짓말을 했다면, '사실대로 말해도 괜찮다, 만약 혼자 해결하기 어려운 문제가 있다면 사실대로 말해야 도와줄 수 있다'라고 알려 줘야 합니다. 일단 아이가 솔직하게 말했다면 혼내지 말고 '왜 아이가 거짓말을 하려고 했는지, 무엇이 두렵고 겁이 났는지, 어떤 도움이 필요한지' 서로 이야기를 나눠 봐야 합니다.

부모님이 거짓말을 눈치채고도 일부러 모른 척 넘어갈 수 있지만, 만약 숙제를 일주일 내내 하지 않았거나, 고의로 거짓말을 일삼아 다른 사람을 곤경에 빠뜨리는 경우라면 아이와 진지하게 대화를 나누는 것이 좋습니다. 이른 나이부터 거짓말이 습관이 된다면 나중에 고치기가 힘들어질 수 있거든요.

아이의 거짓말하는 태도가 달라지지 않는다면 아이와 나 사이의 관계가 실제로도 친밀하고 신뢰할 만한 사이인지 되돌아볼 필요도 있습니다. 말로는 '이해한다, 괜찮다'라고 하면서 행동은 엄격하거나 무섭게 한다면 아이는 부모 말을 곧이곧대로 믿지 않겠지요.

질문을 바꾸는 것만으로도 아이의 거짓말을 줄일 수 있습니다. 예를 들어 "숙제했니?"와 같이 폐쇄형 질문은 고민할 여지 없이 "네/아니오"로 답하게 되거든요. 대신 질문을 바꿔서 "숙제를 하면서 뭐가 가장 힘들었니?", "몰랐던 걸 새롭게 알게 된 게 뭐가 있을까?", "다음에는 엄마가 어떤 부분에서 도움을 주면 좋겠니?"와 같이 개방형 질문을 하는 게 도움이 됩니다.

아무래도 아이는 A부터 Z까지 전부 거짓말을 지어내는 데 부담을 느끼겠지요.

가장 좋은 방법은 엄마가 직접 확인하는 거예요. "숙제했니?", "네", "그럼, 확인해 보게 가져와 봐."라고 말하면서 점검하세요. 만약 안 했다면 "안 했네, 외출하기 전까지 지금 엄마 앞에서 모두 끝내. 끝나고 나야 친구랑 놀 수 있어."라고 말하시면 됩니다. 아이는 '엄마에게 거짓말하는 게 먹히지 않는구나, 언제 갑자기 확인할지 모르니 그냥 맘 편히 얼른 숙제를 해 놓자'라고 생각하겠지요.

아이가 거짓말을 했다고 해서 머리끝까지 화가 나 아이를 쥐잡듯이 잡는 일도 없어야 합니다. 우리 어른들도 때에 따라 선의의 거짓말을 하기도 하고, 상황을 모면하거나 감정을 숨기기 위해 솔직하지 않을 때도 많지 않았습니까? 아이들은 말할 것도 없습니다.

완급 조절에 포인트를 두고 부모 역할을 하는 게 쉽지는 않습니다. 하지만 아이가 '우리 부모님은 나를 잘 이해해 주고 믿어주는 사람'이라는 인식이 밑바탕에 있는 한 절대 거짓말을 밥 먹듯이 하지는 않을 겁니다. 아이들에게도 양심이라는 것이 있으니까요. 오히려 거짓말을 반복하는 자신에게 분명 부끄러움을 느끼고 솔직한 자세를 갖추려고 노력할 거라는 생각이 듭니다. 너그러운 부모의 태도가 외려 아이들의 거짓말을 줄일 수 있다는 점 명심하세요.

좋아하는 것 vs 잘하는 것

지민이는 호기심도 많고, 에너지도 넘치는 아이입니다. 단점이라면, 한 가지를 배우면 진득하게 하질 못하고, 이것도 하고 싶다, 저것도 하고 싶다며 엄마를 조릅니다. 어느 날은 지민이가 방에서 한참을 나오질 않습니다. 궁금한 마음에 방문을 열어 보니 못 쓰는 헝겊과 장신구로 조몰락조몰락 인형 옷을 만들고 있네요. 엄마 눈에도 꽤 그럴싸하게 보이는데, 아이는 또 싫증을 내고는 요리를 하겠다며 주방을 한껏 어질러 놓습니다. 엄마 눈에는 손재주도 있고 섬세한 지민이가 미술을 배워도 잘할 것 같은데, 요즘은 유튜브 크리에이터를 하겠다고 야단법석이니 어느 장단에 맞춰야 할지 혼란스럽습니다.

잘하는 것과 좋아하는 것이 일치되면 참 좋겠지요. 좋아하는 걸 매일매일 하면 점점 더 잘하게 되고, 남들보다 탁월해지면 대체 불가능한 전문가가 될 수도 있습니다. 하지만 대부분은 잘하는 것과 좋아하는 걸 모르기도 하고, 그것이 처음부터 일치하기도 어렵습니다.

좋아하는 것과 잘하는 것이 무엇인지 잘 모르거나 두 개가 일치하지 않을 때 어떻게 해야 좋을지 고민하는 사람들이 많습니다. 일단 아이들이라면 이것저것 원하는 것을 하도록 내버려 두는 것이 좋습니다. 그러면서 부모가 아이가 잘하는 것과 좋아하는 것, 정말 싫어하거나 소질이 없는 걸 유심히 잘 봐야겠지요.

초등학교까지는 그것을 알아가는 아주 좋은 탐색의 시간입니다. 아직 입시나 학업에 대한 부담감이 덜하기 때문에 여유를 갖고 이것저것 다양하게 시도해 볼 수 있답니다. 주말이면 아이들을 데리고 박물관이나 전시회를 가도 좋고, 다양한 원데이 클래스에 참여하면서 아이가 무엇을 좋아하는지 살펴보세요.

저는 아이들의 방학이 다가오면 박물관이나 도서관에서 주관하는 좋은 프로그램들을 알아보고 예약을 해 두었답니다. 혹은 지자체에서 저렴하게 혹은 무료로 운영하는 마을 체험, 숲 체험과 같은 단기 프로젝트나 쿠킹 클래스와 같은 활동에 함께 참여하기도 했지요.

이것도 저것도 하기 귀찮은 날에는 도서관에 가서 그냥 놉니다. 꼭 책을 읽지 않아도 괜찮아요. 도서관에 딸린 카페나 놀이터에서 놀아도 좋고, 도서관에서 영화를 봐도 됩니다. 놀다 놀다 지쳐 심심해지면 아이들이 책 한두 권 가져와서 읽습니다. 그러면 아이들이 무슨 책에 관심 있는지, 요즘 흥미 있어 하는 주제가 무엇인지 알아볼 수도 있답니다. 도서관에서 빌려온 책을 아이들과 함께 읽으면서 관심사가 넓게 넓게 가지를 뻗을 수 있도록 도와주세요.

제 아이들은 처음에 공룡에 관심이 많았어요. 아무래도 남자 아이들이다 보니 레고나 자동차, 공룡 피규어를 가지고 많이 놀았지요. 한창 좋아할 때는 공룡박물관에도 가고 공룡 색칠도 하고, 종이접기도 하고 할 수 있는 온갖 것을 다 합니다. 그러다 싫증이 나서 자전거에 관심을 두기 시작했어요. 관심사는 비슷한 영역으로 확장되기도 하고, 새로운 것으로 건너뛰기도 합니다.

초등 시기야말로 아이가 자유롭게 원하는 것, 하고 싶은 것, 되고 싶은 것, 관심 있는 것을 실컷 탐색하고 알아볼 수 있는 귀한 시기예요. 이때 아이들의 호기심이 닿는 데까지 경험을 확장하면 새롭게 배운 것들을 스펀지처럼 흡수한답니다. 가지고 있는 자원이 많을수록 아이들의 사고력과 창조력이 점점 성장합니다. 경험치가 쌓이면 쌓일수록 아이들도 자신이 무엇을 좋아하는지, 잘하는지, 관심 있어 하는지 알게 됩니다. 그럴 때 공부를 하고 싶은 의지와 동기도 생기겠지요.

진짜 자기가 좋아하는 걸 알게 되면 그때부터는 그걸 하면 됩니다. 어른들이 그만하라고 말려도 아이 스스로 계속할 가능성이 큽니다. 하면 할수록 재밌을 테니까요. 그런 아이들은 중·고등학교에 가도 진로 선택에 별 어려움이 없습니다. 무난히 학생에서 직업인으로 이전하게 되고요. 좋아하는 일을 찾는 그 과정이 더딘 것 같지만, 그게 사실 가장 빠른 길일지도 모르겠습니다.

선생님과 잘 지내려면

아이가 새 학년을 맞이하면 부모들의 초미의 관심사는 어떤 선생님을 만나느냐, 친한 친구와 같은 반이 되었나 정도로 압축됩니다. 그중에서 선생님에 대한 관심은 유독 지대합니다. 아무래도 초등학생은 낮 시간의 대부분을 담임 선생님과 함께 보내야 하니, 어떤 면에서는 아이의 1년이 달린 중대한 문제일 수밖에 없겠지요. 게다가 학급이 배정되고 나면 전학을 가지 않는 한, 싫든 좋든 한 해를 함께 보내야만 하거든요.

그렇다면 부모는 선생님과 어떤 관계가 되어야 할까요? 부모와 선생님 사이에는 아이의 올바른 성장과 행복이라는 공동의 목표가 존재합니다. 친밀한 유대감을 전제로 1년간 서로가 서로에게 훌륭한 파트너가 되어 주어야 합니다.

일단 파트너에 대한 기본적인 마음가짐은 긍정과 존중입니다. 처음부터 긍정적인 시각으로 선생님을 바라보는 것은 매우 중요합니다. 나와 교육관이나 가치관이 다를 수도 있고, 풍문으로 들려오는 선생님에 관한 이야기가 만족스럽지 않더라도 바꿀 수 없다면 일단 받아들이는 것이 좋답니다.

특히 아이 앞에서 선생님에 대해 안 좋은 점을 이야기하거나 흉을 보게 되면 무난한 1년 농사조차 기대하기가 어렵습니다. 선생님에 대한 선입견으로 아이는 원만하게 학교생활을 하기 어려울 테니까요. 혹여라도 선생님에 대해 불만이 있다면 아이 앞에서 이야기할 것이 아니라 선생님과 면담을 통해 해결하려고 해야겠지요.

그리고 서로가 존중하는 마음으로 대해야 합니다. 우리 아이를 맡아서 가르쳐 줄 선생님이니 노력과 헌신에 고마운 마음을 가져야 합니다. 당연히 해야 할 일처럼 '시간 되면 약 먹여라, 응가하면 닦아 줘라, 우리 아이는 채소를 싫어하니 골라내고 먹여라, 받아쓰기 힘들어하니 천천히 불러 줘라, 하교하면서 방과 후 교실에 데려다 줘라.' 등을 막무가내로 요구하거나 지시한다면 그건 파트너로서 서로를 존중하는 자세로 보기 어렵습니다.

한 반에 많게는 서른 명이 넘는 아이들을 데리고 있는 교사가 모든 아이를 일일이 케어하는 건 현실적으로 매우 어려운 일입니다. 부득이 부탁할 일이 있으면 정중하게 하고, 그것에 대해 감사해하는 마음을 갖는 것이 먼저겠지요.

만약 아이를 통해 듣는 선생님의 행동이 납득이 가지 않거나 불공정하다고 생각한다면 앞서 말한 것과 같이 면담을 통해 사실관계를 확인하고 부모의 생각을 전달하는 것이 좋습니다. 아이의 말만 듣는 건 아무래도 치우친 정보에 가깝습니다. 양쪽의 이야기를 다 듣고 최대한 대화로 문제를 해결하려고 해야겠지요.

선생님과 학부모의 관계가 한때 갑을 관계였던 적도 있습니다. 과거에는 선생님에 대한 불만이 있더라도 속으로 끙끙거릴 뿐 하소연할 데도 없었지요. 게다가 수십 년 전에는 대놓고 촌지를 요구하기도 하고, 아이들을 거리낌 없이 때리던 분들도 종종 있었습니다. 저 역시 그런 부당함을 몸소 겪었던 세대였지요.

하지만 지금은 거의 세대교체가 되었고, 저보다 훨씬 훌륭하신 많은 분이 현직에 계십니다. 존중과 감사의 마음을 갖고 부모가 교사에게, 혹은 교사가 부모에게 아이에 대해 상의하고, 더 나은 방향으로 교육하기 위해 생각과 마음을 나눈다면 해결하지 못할 일은 없습니다. 현장에서 문제가 생기는 경우는 그러한 상식적인 매너와 태도조차 갖추지 못했기 때문이지요.

사실 24년 동안 교직생활을 하면서 그런 경우는 많지 않았습니다. 부모님들 대부분은 선생님을 믿고 따르며, 언제나 감사와 응원의 마음을 보내 주시거든요. 뉴스에 나오는 일들은 뉴스에 나올 만한 극히 드문 일이기 때문에 방송에 나오는 것이지요.

최근 여러 가지 안 좋은 기사들로 마음이 아플 때도 있지만 이 역시 잘못된 방향으로 흘러가는 교육정책이나 사회의 패러다임이 제 방향을 찾아가는 진통의 순간이라고 생각합니다. 이런 때일수록 서로가 더 멋진 파트너로서 믿고 응원해야 할 때인 것 같습니다.

"마음은 읽어 주되
행동은 통제해라."

존 가트만(John Gottman)

부모가 원하는 것이 진짜
아이가 원하는 걸까요? 그렇다면 우리 아이가
진짜 원하는 건 뭘까요? 이 글을 읽고 있다면
지금 당장 책을 덮고 일단 아이에게 물어보세요.
생각보다 답은 간단할지도 모릅니다.

5장

'나다움'으로 이미
완전한 아이들

영적인 아이들

2016년 세기의 대결이라 불렸던 알파고와 이세돌 9단의 승부가 벌써 먼 과거의 일처럼 느껴집니다. 이때 딥러닝으로 무장한 알파고가 3-1로 완승했었죠. 기계와 인간의 대결이라니, 너무 생경해 넋을 잃고 TV를 보았던 기억이 나네요. 알파고의 신묘한 수를 보면서 왠지 암울한 미래 영화를 보는 것만 같았습니다.

지금은 어떤가요? 불과 8년 만에 Chat GPT와 같은 초거대 AI가 등장하는 시대가 되었습니다. AI는 인간의 시냅스와 유사한 파라미터가 있다고 합니다. 시냅스가 많을수록 정보처리 속도가 빠르듯이 인공지능의 파라미터 수도 점점 증가한 덕분에 인간을 능가할 만한 실력을 갖추게 되었지요.

일론 머스크와 샘 올트만 등이 설립한 비영리 단체 OpenAI에서 2020년 1,750억 개의 파라미터를 가진 GPT-3를 개발했고,

현재까지도 버전은 계속 업그레이드되고 있습니다. 그 속도가 어마어마해서 가히 10년 후를 예측할 수가 없지만, 2030년이면 AI가 인간의 지능을 넘어설 수도 있을 거라 합니다. 인간의 도구로서 기능했던 기계가 앞으로는 인간의 많은 부분을 대체할 것으로 보입니다. 그렇다면 인공지능이 대체할 수 없는 인간의 고유성은 무엇일까요?

심리학자 칼 로저스(Carl Rogers)는 자신의 저서 『사람중심상담』에서 '우리는 자신을 초월하고 인류의 발전에서 새롭고 더욱 영적인 방향을 창조하는 우리 능력의 첨단에 도달하고 있다'고 말합니다. 작가 페트리셔 에버딘(Patrich Aburdene) 역시 자신의 책 『메가트렌드 2010』에서 세계를 변화시킬 7가지 거대 트렌드 중에서 영성의 발견을 첫 번째로 꼽았습니다.

영적인 인간이라고 해서 종교적인 거룩함을 떠올릴 필요까지는 없습니다. 하워드 가드너(Howard Gardner)는 다중지능 이론에서 아홉 번째 지능을 '영성 지능'으로 명명했는데요, '인간이란 무엇인가?'와 같은 주제를 고민하는 지능이기에 현재는 '실존적 지능'이라고 부르고 있지요. 게다가 멀리 갈 것도 없이 서울시교육청은 2015년 서울학생 미래역량으로 지성, 인성, 감성을 꼽습니다. 저는 이 세 가지가 고르게 균형 잡힌 사람이 영적인 인간이라 생각합니다.

단순한 지식의 습득이 아니라 지혜로운 삶을 위한 바른 태도를 익히고, 밝은 양심으로 이웃을 대하고, 따뜻한 마음으로 존재를 바라보고 성찰할 수 있는 능력이 영성 지능이지요. '나는 누구인지, 어떻게 살아야 하는지, 진정한 행복이 무엇인지' 고민하다 보면 결국 모든 것이 하나로 연결되어 있음을 알게 됩니다. 나와 타인을 존중하고 아끼는 마음으로 대하지 않을 수 없겠지요.

하지만 은밀하고 거대한 속도로 변하는 세상과는 반대로 예나 지금이나 우리의 교육방식은 여전한 것 같습니다. 인공지능에 맞설 수 있는 영적 인간에 대한 강한 요구와는 달리, 자극적인 영상에 중독되는 아이들은 오히려 점점 늘어나고 있는 형국입니다. 화려하고 감각적인 화면의 유튜브나 게임이 보여 주는 가상 세계 속에서 아이들은 길을 잃은 것만 같습니다.

인간이 기계를 통제하지 못한다면 결국 기계가 인간을 대체하는 미래가 올 수밖에 없습니다. 인지하지도 대비하지도 못한 채 속수무책으로 생겨난 잉여 인간들이 10년 후, 20년 후 무엇을 하고 살게 될지 도무지 상상할 수가 없습니다.

인간이 기계와 구별되는 가장 뚜렷한 차이점은 바로 '인간다움'입니다. 인간미라고 부를 수 있겠지요. 어떤 상황이라도 인간으로서의 품위를 잃지 않는 고귀함, 타인에 대한 희생과 헌신, 유머러스, 사랑과 존중의 마음입니다.

이런 것들은 문제집을 아무리 많이 풀고, 교과서를 샅샅이 뒤진들 익힐 수 있는 것들이 아닙니다. 바람직한 관계를 통해 얻는 안정감과 편안함, 타인을 위해 봉사하고 가정과 학교를 위해 무언가를 기여했을 때 내면에서 차오르는 충만하고 뿌듯한 느낌들이 차곡차곡 쌓일 때라야 가능한 것입니다.

스마트폰에 코를 박고 있는 아이들일지라도 일단 숲으로 데려가 보세요. 교실에서는 숨 죽은 콩나물인 양 축 처진 아이들도 밖으로 데리고 나가면 저절로 눈이 똥그래지고, 뺨이 발그스레해집니다. 시키지 않아도 흙을 밟고, 나무에 뺨을 부비고, 친구들과 꼬리잡기를 하며 연신 뛰어다니지요. 그 속에서 아이들은 인간다운 경험을 하게 됩니다. 어른들은 아이들이 일상적인 삶에서 자연스럽게 도덕적인 체험을 할 수 있도록 도와줘야 해요. 소소한 일상을 자연과 함께, 사랑하는 가족이나 친구와 함께 보내는 것으로 시작하면 좋지 않을까요. 인간이 인간으로서 디폴트된 '인간다움'을 되찾는 순간은 그리 어렵지 않은 것 같습니다.

불완전함이 고유함이다

전체 속에서 '나'라고 부를 수 있는 고유한 이미지를 우리는 정체성이라고 부릅니다. 전체인 무지개 속에서 빨주노초파남보는 고유한 개체성을 지닙니다. 빨강이 빨강이라는 자신의 정체성을 유지할 수 있을 때 무지개도 무지개라 부를 수 있겠지요. 각자의 빛깔로 생동할 때 무지개도 전체로서 온전해집니다.

하지만 인간 세상은 그렇지 않은 것 같습니다. 비슷한 생의 행로에서 경로를 이탈하거나 다른 방식을 제시하는 사람은 '괴짜'나 '사차원'으로 취급받기 일쑤입니다.

하지만 모든 인간이 같을 수는 없습니다. 기계처럼 인-아웃이 명확하지도 않고요. 인간은 아무리 같은 상황과 조건일지라도 무한한 상상력과 창조력으로 모두가 다른 값을 냅니다. 가끔은 정답을 넘어 불가능한 일에 도전하고 한계를 뛰어넘지요.

인간의 불완전함이 어쩌면 가장 인간다운 부분일지도 모릅니다. 불완전함 속에 각자의 고유함이 존재하는 거거든요. 인간이 공장에서 찍어낸 공산품 같을 수야 없지요. 모두가 똑같이 대학-취업-결혼-은퇴의 과정을 거쳐 살아갈 수도 없고요.

제 절친의 아들 역시 비슷한 프로세스를 거부한 괴짜 중의 괴짜였습니다. 부모의 뜨거운 교육열 덕분에 강남 8학군으로 진학했지만, 어느 날 느닷없이 자퇴 선언을 했거든요. 당연히 집안은 발칵 뒤집혔습니다. 1~2년만 더 버티면 누구나 선망하는 대학에 보란 듯이 갈 수 있는 성적이었지만 아이는 뜻을 굽히지 않았어요. 평소 일본 애니메이션이나 만화를 즐겨보던 아이는 일본에 가겠다고 합니다. 가끔씩 머리 식히는 정도로만 생각했었는데 그 정도로 푹 빠져 있을 줄 부모는 상상도 못 했던 거지요.

하지만 자식 이기는 부모 없다는 말처럼 결국 아이는 자퇴를 했고, 독학으로 일본어를 공부하기 시작했습니다. 언제까지 저러나 지켜보자던 부모님도 진지하게 공부에 임하는 아이를 보며 점차 마음이 누그러졌지요. 지금은 보란 듯이 일본에 있는 유명 대학에 진학했고 누구보다 씩씩하고 즐겁게 자기 삶을 살아가고 있습니다.

우리는 모두가 다릅니다. 조금씩 모나기도 하고, 부족하기도 합니다. 하지만 그(그녀), 혹은 우리 아이는 타인과 다른 고유함으로 인해 빛이 나는 거예요. 전체로 보면 불완전하지만, 인간의 삶으로 보면 그 자체로 완전한 것이겠지요. 사실 인간은 기계처럼 완벽하지는 않지만 이미 완전합니다. '나'라서, '나'이기 때문에 완전한 거예요. 부족하면 부족한 대로, 못하면 못하는 대로, 잘하면 또 잘하는 대로 그렇게 삶을 살아갈 뿐이지요.

만약 나와 내 아이에게서 불완전함을 발견했다면 그건 반드시 극복해야만 하는 그 무엇이 아닙니다. 오히려 개개인을 더 유니크하게 만드는 요소일 수 있답니다. 나만이 가지고 있는 강점이 무엇인지, 무엇이 나를 나답게 만드는지에 더 집중하는 것이 전체를 위해서도, 궁극적으로 나를 위해서도 더 바람직한 것 같습니다.

너가 너라서 좋은 거야

심리학자 에이미 위너(Emmy Werener) 박사는 카우아이(Kauai)라고 불리는 지역에서 종단연구를 합니다. 카우아이는 하와이 군도 북서쪽에 있는 아름다운 섬입니다. 하지만 1950년대만 해도 섬 주민의 대다수는 가난과 질병으로 고통받았고, 제대로 된 교육을 받지 못한 비행 청소년들이 범죄를 저지르는 곳이었다고 합니다.

연구자들은 '어떤 요인들이 한 인간을 사회적 부적응자로 만들며 그들의 삶을 불행하게 이끄는가?'라는 주제로 1955년에 태어난 카우아이섬 신생아 833명을 대상으로 연구를 시작합니다. 그중 고위험군 201명은 다시 추려내는데요, 그들은 약물에 중독되었거나, 폭력적이고 무능한 부모 밑에서 태어난 아이들이었습니다.

훗날 성인이 된 이들 중 72명은 훌륭한 어른으로 성장했다고 합니다. 비슷한 환경 속에서 가난과 폭력을 대물림하는 아이들이 있는가 하면, 어떤 아이들은 바르게 자란 거지요. 그들을 가르는 결정적 차이는 무엇이었을까요? 이에 위너 박사는 '무엇이 아이들을 사회 부적응자로 만드는가?'라는 질문 대신 '무엇이 역경에도 불구하고 아이들을 정상적으로 유지시켜 주느냐?'로 주제를 바꾸어 연구를 지속했다고 합니다.

바람직한 어른으로 성장한 이들에게는 공통점이 있었습니다. 바로 지속적인 관심과 사랑을 주는 누군가가 있었다는 것이지요. 꼭 부모가 아니어도 괜찮습니다. 삼촌, 할머니, 이모, 선생님, 이웃 누구든 상관없습니다. 부모가 할 수 없는 역할을 누군가가 대신할 수 있다니 얼마나 다행스럽습니까. 물론 엄마가 그 역할을 해 준다면 제일 좋습니다. 누군가를 찾아 멀고 먼 여행을 떠나지 않아도 괜찮으니 말입니다.

아이 곁에서 '너를 사랑해, 너를 믿고 있어, 네 잘못이 아니야, 지금 이대로 충분해'라고 말해 주세요. 거창한 무언가를 해 주거나, 값비싼 선물을 주지 않아도 됩니다. 아이의 성장에 지지와 사랑, 애정과 응원을 보내는 한 사람이 곁에 있다는 사실만으로도 아이는 올곧게 자랄 수 있습니다.

잠깐 한눈을 팔 수도 있고, 곁길로 빠질 수도 있겠지요. 하지만 자신을 진정으로 사랑하고 신뢰하는 사람이 있는 아이들은 그들의 믿음을 배신하기가 쉽지 않을 겁니다.

카우아이섬의 아이들처럼 우리 아이들은 극단적인 상황에 있는 것도 아닙니다. 참으로 다행스러운 일이지요. 더 쉽고 편하게 사랑과 관심을 전해줄 수 있을 테니까요. 우리 어른들이 약간의 의욕만 내더라도 아이들에게 미치는 긍정적인 영향은 상상할 수 없을 정도입니다. 그러니 지금 바로 아이들에게 필요한 단 한 명이 되어 주시길 바랍니다.

아이의 강점에 집중하라

갤럽(Gallup)의 짐 클리프턴(Jim Clifton)은 50년에 걸쳐 개인이 성과를 내는 원인을 조사하여 '클리프턴 스트렝스'라는 강점 진단 도구를 만들었습니다. 개인의 약점보다는 강점에 집중하는 것이 더 효과적이라는 그의 주장은 시대적인 흐름과 맞물려 최근 매우 각광을 받고 있지요.

클리프턴 스트렝스에서 분류하는 강점은 크게 실행력, 영향력, 대인 관계 구축, 전략적 사고의 네 가지 테마로 나뉘고 그 아래 34개의 하위 강점들이 존재합니다. 하위 강점으로 복구, 배움, 책임, 자기 확신, 적응, 발상, 신념, 연결성, 개발, 긍정, 전략, 정리, 공감, 개별화, 성취, 지적 사고, 회고, 심사숙고, 존재감, 포용, 분석, 절친, 화합, 수집, 공정성, 집중, 행동, 미래지향, 주도력, 사교성, 승부, 체계, 최상화, 커뮤니케이션으로 총 34가지가 있습니다.

저의 TOP 5 강점은 전략, 미래지향, 수집, 배움, 지적 사고인데 이 모두가 전략적사고 테마에 속하는 강점이지요. 이런 강점들은 제가 책을 읽고, 자료를 수집하고, 생각을 엮어 글을 쓰는 데 매우 유용하게 사용되고 쓰이고 있답니다.

하지만 재능이 강점이 되려면 정확한 목표를 설정하고 실행-피드백의 과정이 반복되어야 합니다. 손흥민 선수가 아무리 축구에 타고난 재능이 있다 할지라도 오랜 시간 갈고닦지 않았다면 세계적인 축구선수는 될 수 없었겠지요. 재능이 점점 예리하게 벼려져야 비로소 나만의 강점으로 발현됩니다.

약점은 아무리 보완한들 강점이 되지는 않습니다. 강점은 에너지를 10만큼 쓰고도 100의 성과를 내지만, 약점은 에너지 100을 써도 10만큼의 효과를 낼까 말까 하거든요. 강점에 집중한다면 모두가 탁월해질 수 있지만 대개는 약점을 보완하느라 대부분 하세월 보내기 쉽습니다. 그 시간을 자신의 재능을 발견하고 그것을 강점으로 만드는 데 쓴다면 훨씬 빠르게 탁월해질 수 있을 거예요.

그렇다면 재능은 어떻게 발견할 수 있을까요. 누군가 시키지 않아도 내가 꾸준히 했던 것, 혹은 강한 몰입으로 남들보다 빠른 성과를 내는 무엇이 있다면 그것이 자신의 소질일 가능성이 큽니다. 그리고 그걸 재밌어해야 합니다. 그래야 꾸준히 할 수 있거든요.

　제가 코칭을 했던 정훈이는 축구에 소질이 많았던 친구였습니다. 우연히 5살에 축구부 감독 눈에 띄어 7살이라는 이른 나이에 축구를 시작했어요. 다행히도 부모님의 적극적인 지원이 있어 물 만난 고기처럼 좋아하는 걸 마음껏 할 수 있었지요. 정훈이는 축구장에서 훨훨 날아다닙니다. 그렇다고 모든 걸 잘하지는 않습니다. 수학 문제 앞에서 쩔쩔매기도 하고, 노래를 좋아하지만 멋들어지게 부르지는 못하지요. 농구 시합을 할 때는 친구들의 놀림도 종종 받고요. 그래도 그걸 못한다고 낙담하지는 않습니다. 자기가 좋아하는 게 무엇인지 알고 있고, 그걸 통해 삶에서 이루고 싶은 목표가 뚜렷하기 때문에 어른인 제 눈에도 신기할 정도로 매일 연습합니다. 지칠 법한 스케줄이지만 정말 잘하고 싶기 때문에 포기하지 않지요.

　정훈이처럼 우리 아이가 무엇을 잘하고, 즐거워하고, 재밌어하고, 꾸준히 하는지 유심히 지켜봐 주세요. 부모가 그걸 찾겠다는 의도가 없으면 너무 익숙한 사이라 잘 보이지 않을 수도 있어요. 그렇다면 적성검사나 강점 검사, 성격유형 검사를 해 보는 것도 도움이 된답니다. 결과지를 통해 아이의 성향, 적성, 성격에 관한 정보가 수집되었다면 그에 맞는 다양한 경험들을 제공해 보세요. 그러한 경험들이 차곡차곡 쌓여 재능이 강점이 되면, 아주 훌륭한 내비게이션을 장착하고 운전하는 것과 같습니다. 삶의 방향성과 목표가 명확해질 테니 아이의 삶이 얼마나 쉽고, 즐겁고 재밌을지 상상이 되지 않네요.

아이의 내면을 깨우는 관찰의 힘

교직 생활을 통해, 혹은 코칭과 상담을 통해 만난 아이들이 천 명이 넘습니다. 그중에 비슷한 아이는 단 한 명도 없었답니다. 심지어 쌍둥이도 성격이나 기질이 무척 다르지요. 한 시간 내내 분수의 덧셈, 뺄셈을 이야기해도 이해하지 못하는 친구가 춤동작은 한눈에 흘낏 보고 그대로 따라 합니다. 책 읽기는 그렇게 싫어해도 책에 나오는 그림은 똑같이 따라 그리는 친구도 있고요.

부모는 우리 아이가 어떤 아이인지 세심하고 주도면밀하게 관찰해야 합니다. 관찰이라는 말이 정말 중요합니다. 관찰이라는 행위에는 부모의 주관적인 판단이나 분별이 배제되어야 하는데 그러기가 쉽지 않거든요.

내 아이가 또래보다 조금만 빨리 깨쳐도 영재가 아닌가 싶어 가슴이 두근대기도 하고, 행동이 늦되면 뭔가 문제가 있나 싶어 걱정이 앞서지요. 시험 성적이 낮으면 이유 불문하고 학원부터 보내기도 하고요. 하지만 부모가 너무 성급하게 판단을 내린다면, 아이는 쉬운 길을 멀리 돌아가야 할지도 모릅니다.

주관이 배제된 관찰을 하기 시작하면 아이의 감정, 기호, 소질과 재능이 수면으로 드러나기 시작합니다. 관찰은 매우 객관적인 데이터와 사실을 기반으로 합니다. 어렸을 때부터 아이를 봐 왔던 부모라면 모를래야 모를 수가 없습니다만, 부모가 아이를 있는 그대로 보려 하지 않고 원하는 대로 보려 한다면 아이의 타고난 소질을 알아차리기 힘들지도 모릅니다.

아래 〈내 아이 관찰 리스트〉를 보시고 아이를 객관적으로 관찰해 답을 작성해 보시기 바랍니다.

시키지 않아도 우리 아이가 하려고 하는 것은 무엇인가요?

우리 아이는 무엇을 할 때 쉽게 몰입을 하나요?

아이는 무엇에 대해 질문을 많이 하고 배우고 싶어 합니까?

아이가 남들에 비해 쉽게 성과를 내는 것은 무엇인가요?

아이가 무엇을 할 때 진심으로 행복해하나요?

아이가 또래보다 더 빨리 습득하고 배우는 것은 무엇인가요?

아이가 무엇에 대해 말할 때 에너지가 올라가나요?

아이는 주변 사람들에게 주로 무엇 때문에 칭찬을 받습니까?

아이는 어떤 말을 들을 때 가장 좋아합니까?

아이가 성적이 높은 과목과 낮은 과목은 무엇입니까?

질문의 답을 찾아 아이를 관찰하다 보면 보이지 않았던 것들이 눈에 들어오기도 하고, 새로운 것들을 알아차릴 수도 있을 거예요.

시키지 않아도 아이가 하고 싶어하는 것이 있다면 마음껏, 원할 때까지, 양껏 하게 하는 것이 좋습니다. 부모님은 아이가 도전적인 목표 앞에서도 포기하지 않고 꾸준히 하는지를 살펴봐 주세요. 만약 그렇다면 아이의 재능이 뾰족해질 수 있도록 좀 더 세밀하게 지원할 필요가 있습니다.

만약 아이가 어떤 것에 쉽게 몰입한다면 재미와 흥미를 느끼기 때문입니다. 어떤 친구는 그게 책 읽기일 수도 있고, 또 어떤 친구는 곤충이나 동식물과 같은 자연에 흥미를 보일 수도 있지요. 좋아하는 것과 잘하는 것이 지적탐구의 시발점이 되어 공부 자체에 흥미를 갖게 되는 좋은 기회가 될 수 있습니다.

아이가 특별한 무엇에 호기심과 질문이 많다면 이 역시 기뻐할 일입니다. 아이와 즐겁게 대화할 좋은 기회니까요. 함께 모르는 것을 찾아보고 탐구하는 과정에서 아이는 부모의 조력에 든든함을 느끼고 자신감을 갖게 될지도 모릅니다.

쉽게 성과를 낸다는 것은 아이에게는 그것이 남들보다 수월하다는 뜻입니다. 쉽게 배우고 익힌다는 것은 다른 아이와 비교되는 우리 아이의 탁월함이 될 가능성이 큽니다. '내가 남들보다 잘하는 게 있다'라는 걸 알게 된 아이는 자신을 특별하고 가치 있게 여길 수 있게 됩니다. 잘하는 것으로 인해 주위의 칭찬과 인정도 받게 될 테니 자신감도 절로 올라가겠지요.

성적이 높은 과목과 낮은 과목을 알아보는 것도 중요합니다. 만약 특정 과목을 과외로 배우지 않더라도 성적이 높다면 수업 시간에 관심을 갖고 적극적으로 참여한다는 증거일 수 있습니다. 그 과목에서 요즘 무엇을 배우는지, 무엇이 특별히 재미있었는지 이야기 나누면서 아이가 잘하는 것에 대해서는 인정해 주세요.

만약 성적이 낮다면, 너무 뒤처져서 아이가 포기하지 않도록 중간 정도까지는 성적을 올려 주어야 해요. 초등학교 때 배우는 것은 중고등학교 교과목의 기초, 기본이 되는 것들입니다. 초등 시기에 진도를 따라가지 못하면 중학교에 진학해서 아이가 더 힘들어할 수도 있으니까요.

천재 조각가 미켈란젤로가 "형상은 이미 대리석 안에 만들어져 있다. 나는 다만 주변의 돌을 제거할 뿐이다."라고 말했다지요. 적절한 세공을 거쳐 루비는 루비처럼, 사파이어는 사파이어처럼 자기만의 독특한 아름다움으로 빛날 수 있어야 해요. 모두가 다이아몬드가 될 필요는 없습니다. 우리 아이들에게도 재능과 소질은 이미 내재된 형상입니다. 자기 안에 반짝이고 있는 아름다움을 밖으로 드러내기만 하면 되겠지요. 보이지 않는 아이의 내면을 들여다볼 수 있는 어른들의 세심한 관찰과 인내가 필요하지 않을까 합니다.

심심해야 창의력이 샘솟는다

저에게는 아들이 2명 있습니다. 지금은 성인이 되었지만, 어린 시절에는 맨날 제 치맛자락을 잡고 "심심해, 심심해"라며 노래를 불렀더랬어요. 책도 읽어 주고, 함께 산책도 하고, 레고로 멋지게 성을 쌓아 주어도 또 돌아서면 "심심해, 심심해, 놀아 줘."라고 떼를 씁니다.

어느 날, 어쩐 일로 아이들이 조용한가 싶어 방문을 열어보니 읽으라고 사다 놓은 책으로 커다란 집을 만들어 놓았더군요. 아메리카 원주민들의 텐트처럼 모습이 그럴싸합니다. 두 녀석은 그 속에 들어앉아 속닥거리며 놀고 있더군요. 한날은 싱크대에서 온갖 냄비며 후라이팬을 가져다가 전쟁놀이를 합니다. 보자기를 뒤집어쓰고 국자를 흔드는 모습이 마치 전쟁을 승리로 이끈 장군처럼 위풍당당합니다.

아이들이 심심한 건 장난감이 부족해서가 아닙니다. 어른들이 안 놀아 줘서도 아니고요. 그냥 원래가 심심한 겁니다. 심심한 게 당연한 거였어요. 저 역시도 어린 시절을 돌아보면 아무리 실컷 놀아도 심심했던 것 같아요. 그때는 장난감도, 책도 없던 시절이니 동생이랑 하루 종일 풀을 뽑고, 진흙을 개어 소꿉놀이를 하고, 해가 질 때까지 친구들과 오재미를 했었지요. 그러다 싫증이 나면 동네방네 돌아다니며 저 집 마당엔 뭐가 있나 몰래 엿보기도 했었고요.

아이들은 심심한 가운데 아이디어가 샘솟습니다. 엉뚱한 생각을 행동으로 옮기기도 하고, 멍때리기도 하며 창의력이라는 게 생기는 거지요. 바쁜 가운데에서는 생기지 않습니다. 쉼이라는 텅 빈 공간이 있어야 그 속에서 창의력이 잉태될 수 있습니다.

그걸 모르고 엄마들은 아이들이 심심하다고 하면 뭘 해줘야 하나 싶어 안절부절합니다. "심심해"라는 말이 마치 마법의 단어처럼 엄마들을 조바심 나게 하거나 미안한 마음이 들게 하는 것 같습니다.

앞으로는 아이들이 '심심해'라고 말한다면 그냥 심심하게 내버려 두세요. 아이가 혼자든, 둘이든, 셋이든 그에 맞는 꿍꿍이를 벌일 테지요. 집 안을 난장판으로 만들 수도 있고, 기가 막힌 작품으로 부모들의 눈을 놀라게 할 수도 있습니다. 말도 안 되는 장난을 쳐서 엄마의 머리끝까지 화가 치밀게 할 수도 있겠지요. 하지만 아이들은 심심한 그 공간 속에서 어마어마한 속도로 그들의 창의력에 부스터를 달고 날아오르는 중일지도 모릅니다.

지능에 대한 새로운 관점

　강점 말고도 '지능'에 대해 새로운 접근을 시도한 학자들도 있습니다. 대표적인 인물이 '다중지능이론'을 주장한 하버드대학교의 하워드 가드너(Howard Gardner)입니다. 그는 1983년 그의 책 『마음의 틀: 다중 지능 이론』에서 이 모델을 제안했는데요, 인간은 IQ와 같은 한 가지 지능만으로 능력이 정해지는 것이 아니라 언어, 논리수학, 공간, 음악, 신체운동, 대인관계, 자기성찰, 자연 탐구의 다양한 지능이 독립적으로 존재하면서도 상호작용한다고 보았습니다.

　만약 IQ만으로 우수한 사람과 그렇지 않은 사람을 나눈다면 세계에서 머리 좋은 민족 중 하나인 우리 나라에 노벨상 수상자가 차고 넘쳐야 합니다. Worldwide IQ 운영업체인 Wiqtcom이 2022년 6월 수집한 데이터 분석에서도 우리나라 IQ는 세계에서

4위를 기록했다지요. 그런데도 역대 가장 많은 노벨상을 배출한 것은 유대인입니다. 유대인의 평균 IQ는 94라고 하니, 생각보다 저조한 수치입니다. 이렇듯 인간의 우수성을 어떤 한 가지 기준만으로 이렇다 저렇다 판단하는 것은 매우 모호한 듯 보입니다.

제가 가르쳤던 지석이는 초등학교 2학년 남자아이입니다. 그때 저희 반은 학교 공터에 텃밭을 만들어 가지, 고추, 오이, 토마토 같은 작물을 심고 키웠어요. 밭뙈기가 크지는 않아도 매일 물을 주고 해충도 잡고, 잡초도 뽑는 자잘한 노동이 필요했답니다.

처음에 반짝 관심을 보이던 아이들도 시간이 지나면 시들해지기 쉽습니다. 고사리만 한 아이들 손으로 처음 해 보는 일들이 익숙지 않을뿐더러 점심시간이면 놀고 싶은 마음이 더 크거든요. 근데 처음부터 끝까지 한결같이 작물을 보살피는 아이는 지석이가 유일했습니다. 끙끙거리며 수돗가에서 물을 길어 와 등굣길에 물을 주고, 점심시간이면 오도카니 앉아 고추며 오이, 상추들을 살뜰히 보살폈어요.

아마 지석이는 자연을 관찰하고 탐구하며 이해하는 자연탐구적 지능과 타인의 감정이나 분위기, 의도를 잘 헤아리는 대인관계적 지능, 혹은 깊이 자신을 이해하고 자기 자신과 관련된 문제를 해결하는 데 뛰어난 자기성찰적 지능이 발달하지 않았을까

짐작해 봅니다. 비록 지석이가 또래 남자아이들처럼 잘 달리거나 축구를 잘한다거나 악기를 잘 다루지는 못했지만, 지석이는 그만의 타고난 지능이 있었던거죠.

우리 아이가 어느 분야의 지능이 발달한지 알았다면, 강점은 더 계발하고, 약점은 보완하면 될 일입니다. 조수미처럼 음악 지능이 매우 탁월한 사람이라면 그것을 더 잘할 수 있도록 시간을 분배하고, 연습하고 노력을 기울여야겠지요.

반면 저 같은 경우는 음악 지능이 8위로 나왔습니다. 노래를 듣는 건 좋아하지만, 악기를 배우거나 연주를 하는 건 정말 따분하고 재미없었습니다. 그렇다면 단지 취미로 노래를 듣거나 즐기는 정도로 만족하면 되는 것이지요.

초등 시기까지는 아이들의 흥미와 관심 분야가 자주 바뀌기도 하고, 환경이나 주변 사람들의 영향을 많이 받기 때문에 한 번의 검사만으로 아이의 강점이나 지능을 단정 지을 수 없습니다. 이때까지는 무료로 진행되는 사이트를 통해 학기에 한 번 정도 검사를 받으면 좋겠어요.

엄마나 아빠가 자신의 강점 지능을 모른다면 함께 검사를 받아 보세요. 아이와 나의 강점 지능이 어떻게 다른지, 간혹 갈등이 생겼던 이유가 무엇인지도 알 수 있고, 어떻게 시간을 보내는 것이 효율적인지도 알 수 있을 거예요. 아이의 흥미와 호기심이 어떻게 변하는지도 매년 체크할 수 있으니 다양한 대화의 주제로 삼기도 좋을 것 같습니다.

주의할 점은 다중지능검사든, 직업흥미검사든 아이가 받은 결과지는 차곡차곡 정리를 해 두고 아이와 반드시 이야기를 나눠야 한다는 것입니다. "검사받고 이렇게 이렇게 나왔네." 하고 끝내 버리면 진단을 받은 의미가 없습니다. 진단 결과지를 두고 아이와 느낀 점, 강화하거나 보완할 점, 미래 아이의 진로와 어떻게 연결시킬지, 그것을 통해 어떤 삶을 살아갈지 방향을 잡고 세부적으로 해야 할 일에 대해 구체적인 피드백이 있어야 합니다.

요즘은 다양한 검사를 무료로 할 수 있는 사이트들이 무척 많습니다. 인터넷에 '다중지능검사'를 입력하면 multiiqtest라는 사이트에서 무료로 검사할 수도 있고, 진로진학정보센터, 커리어넷에서도 무료로 직업흥미, 성격, 다중지능검사를 할 수 있으니 참고하세요.

아이가 상급학교로 진학하면서 좀 더 진로를 명확하게 해야 할 필요성을 느꼈다면 한국 가이던스나 한국다중지능적성연구소, 한국교육평가센터나 기타 여러 사설 기관을 통해 유료로 검사를 받아 볼 수도 있답니다.

아이의 잠재력을 깨우려면

큰아들이 초등학생일 때 아빠와 단둘이 『빌리 엘리어트』 뮤지컬을 보고 온 적이 있었습니다. 성인이 된 아들이 여전히 자기 인생 최고의 뮤지컬로 꼽을 정도이니 매우 인상 깊었던 모양입니다. 저는 영화로 봤지만, 영화를 보는 내내 아이들의 모습이 오버랩되며 좀 더 특별한 감동을 느꼈던 것 같아요.

주인공 빌리는 춤에 재능을 타고난 아이입니다. 하지만 현실은 녹록지 않아요. 빌리는 치매에 걸린 할머니, 아내를 잃고 생계를 책임져야 하는 아빠 재키, 꿈을 펼칠 기회조차 없이 현실에 내몰린 형과 탄광촌에서 살아가고 있습니다. 게다가 노조 파업으로 인해 생계는 점점 더 곤궁해져 갑니다. 당연히 발레를 하겠다는 빌리의 꿈은 가족들에게 허황되게 느껴지겠지요. 하지만 그의 재능을 알아봐 준 윌킨스 부인 덕에 빌리는 몰래 연습을 계속할 수 있었어요.

저에게는 아버지 재키의 캐릭터가 인상적이었습니다. 처음에는 아들을 반대했지만, 그의 진심과 재능을 인정하고 난 뒤 가장 적극적인 지원자가 되었거든요. 그는 아들을 위해 기꺼이 자신의 모든 걸 희생합니다. 변절자라는 소리를 들었지만 탄광으로 복귀했고, 아내의 마지막 유품을 팔아 빌리의 학비를 마련하지요. 마지막 장면이 무척 유명한데요, 아들을 지켜보는 재키의 울먹이는 모습과 수석 발레리노로 멋지게 무대에 등장하는 빌리의 모습이 교차하며 영화는 끝이 납니다. 꿈을 이룬 아들을 보며 재키는 지난날을 충분히 보상받지 않았을까요.

빌리뿐만 아니라 누구든 본래 타고난 재능이 있습니다. 수면 아래에서 언제든 깨어날 준비를 하며 시동을 걸고 있지요. 보이지 않지만, 누구나 숨겨진 탁월함과 그것을 극대화할 수 있는 내재된 힘도 충분하답니다.

잠재력은 '난 이걸 할 때 재밌고, 행복해'라는 꿈과 '나에게는 그걸 잘할 수 있는 내면의 힘이 이미 있어'라는 믿음이 만날 때 강력하게 점화됩니다.

하지만 모차르트나 피카소처럼 어린 나이부터 재능이 발현

되고 그것이 자연스럽게 꿈으로 연결되는 경우는 극히 드뭅니다. 어찌 보면 모르는 것이 당연합니다. 그렇기 때문에 다양한 경험과 시행착오를 거쳐야 하는 것이지요. 오히려 처음부터 잘되는 경우는 거의 없습니다. 수영을 배우자마자 단 며칠 만에 접영과 잠수를 마스터할 수 없듯이 시간이 필요합니다.

그 과정에서 어른들은 아이들이 실패와 좌절, 실수에 좀 더 유연해질 수 있도록 도와주어야 합니다. 실패가 끝이 아니라 배움의 과정임을 알게 되면 아이들은 쉽게 포기하지 않게 됩니다. 만약 부모가 "그럴 줄 알았어. 그냥 가만히 있는 게 돕는 거야, 처음부터 엄마 말 들으라고 했지?"라고 말한다면 아이들은 실패를 경험하려 하지 않고 안전지대에 머물려고만 할 게 뻔합니다.

더불어 빌리의 아버지 재키처럼 아이들의 잠재력을 끝까지 믿어 주어야 합니다. 부모가 믿어 줄 때 아이들 역시 자신을 믿을 수 있거든요. 자신의 내재된 힘을 '믿는' 사람과 '믿지 못하는' 사람은 엄청난 차이가 있습니다.

자신을 믿는 사람은 당장 꿈이 이루어지지 않아도 조급해하지 않습니다. 배우고, 알아가고, 경험하는 모든 단계를 즐기고 몰입합니다. 매 순간 최선을 다하며 살아갑니다. 하지만 믿지 못하는 사람은 계속 의심합니다. 실패를 쉬운 자기 합리화로 바꾸기 일쑤이고, 갖은 변명을 대며 주춤거리지요.

그때 부모들은 "실수해도 괜찮아, 실패를 통해 더 좋은 배움을 얻을 수 있어, 처음부터 잘할 수는 없어, 처음부터 차근차근 다시 해 보자. 무엇이 잘못되었는지 함께 찾아 볼까?", "언젠가는 넌 반드시 할 수 있어, 너에게는 충분히 그럴 만한 힘이 있어"라고 말해 주어야 합니다. 아이들이 자신에 대한 믿음이 확고해질 수 있도록 끊임없이 지지와 응원을 보내 줘야 합니다.

아이가 흔들릴 때, 부모가 그 곁에서 단단히 중심을 잡아 준다면 아이들은 자신을 믿고 다시 나아가게 됩니다. 아이에게 가장 큰 영향과 믿음을 줄 수 있는 사람은 부모입니다. 빌리가 윌킨스 부인을 만나 자기 잠재력을 알아보고 아버지 재키의 지지로 극대화할 수 있었던 것처럼 말이지요. 자신을 알아봐 주고 능력을 점화해 줄 사람을 만난다면 누구든 빌리처럼 기적을 만들 수 있답니다.

절로 절로 공부가 돼요

　자기주도학습이 여전히 유행입니다. 스스로 주도성을 갖고 학습의 전 과정을 통제한다는 자기주도학습의 개념은 매우 매력적입니다. '아이가 혼자서 공부를 한다니 얼마나 좋아?'라고 생각할 수도 있고, 부모로서는 '관여할 일이 없으니 편하겠군.' 하고 생각할 수도 있습니다. 하지만 부모가 "네가 스스로 알아서 해야지."라고 한다면 아이를 수영장에 던져 놓고 "설명 들었으니 스스로 헤엄쳐서 나와 봐."라고 말하는 것과 다름없습니다.

　자기주도학습이 되려면 내가 왜 공부를 하고 싶은지, 공부를 잘하려면 시간 관리나 학습 전략을 어떻게 세워야 하는지, 목표 설정은 어떻게 해야 하는지, 혹은 자기에게 적합한 공부 방법이 무엇인지, 무엇을 보충하면 좀 더 효과적인지 잘 알고 있어야 합니다. 목표를 세우고, 실행하고, 성찰하는 전 과정이 습관이 되어서 진짜 공부하는 즐거움을 알아가게 되는 것이지요.

하지만 아이들이 배운 것을 바로 습관으로 만들어 척척 해 낸다는 건 거의 불가능합니다. 수영을 익히기 위해 기본적인 호흡법과 동작을 배우면서 단계별로 나아갈 수 있도록 도움을 주는 코치가 있어야 하듯, 공부도 마찬가지입니다. 초등시기에는 부모가 충분히 그 역할을 할 수 있을 거예요.

제가 가르쳤던 서희는 처음부터 공부에 두각을 나타내는 친구는 아니었습니다. 하지만 쉬는 시간에 책 읽기를 좋아하고, 수업 시간에도 매우 적극적이어서 항상 질문을 하는 친구였어요. 수업에 집중하며 선생님과 즐겁게 호흡을 맞추니 저 역시 그 아이와 수업하는 것이 항상 신이 났었지요.

서희는 학원을 거의 다니지 않았는데 그 문제로 저와 상담을 한 적이 있습니다. 부모님 입장에서는 공부도 싫다, 학원도 싫다며 책만 읽는 그녀가 불안했던 거지요. 하지만 억지로 강요하지는 않으셨어요. 학원만 가지 않았을 뿐 실제로는 공부의 주도권을 가진 아이가 신나게 자기만의 배움의 경로를 만들어 나가는 중이었거든요.

서희 부모님은 함께 그 경로를 따라가면서 원하는 걸 도와주고, 배움의 파트너가 되어 함께 탐색했고, 경험의 조력자가 되어 주었습니다. 학습 계획을 짤 때 '월별, 주별로 달성할 목표'에 대해 이야기 나누고, 플래너 쓰는 법도 알아보고, 과목별로 부족한 공부를 어떻게 보충할지 유튜브 영상도 찾아보면서 아이만의 공부 루틴을 만들어 나갔던 것이지요.

그러다 어느 날 갑자기 그녀는 진로를 정했습니다. 해리포터 영화를 보게 된 걸 계기로 책을 찾아 읽었고, 더 궁금한 마음에 원서를 읽기 시작했지요. 해리포터 시리즈를 독파한 후 영어를 잘하고 싶다는 목표가 생긴 것입니다. 그때가 초등학교 5학년 때의 일이에요. 외고 진학이라는 목표가 생기자 본인이 스스로 학원을 다니겠다 자처했고, 결국 6학년 때 학원가가 많은 지역으로 전학을 가게 되었답니다.

아마 부모님이 조급한 마음에 싫다는 아이를 닦달해서 학원에 보냈거나, 책 읽는 걸 좋아하니 언젠가는 공부를 하겠지라는 조금 나태한 마음으로 아이를 지켜보고만 있었다면 지금과 결과가 달랐겠지요. 공부에 질려 버리거나, 공부에 대한 이해와 전략, 습관을 형성할 수 있는 최적의 시기를 아깝게 흘려 버리고 말았을 거예요.

서희 부모님처럼 공부의 주도권을 아이에게 주되, 부모는 적극적인 조력자와 파트너가 되어야 합니다. "이거 해, 여기 학원이 좋대, 다음 달부터 거기 다니자, 학습지 하루에 5장씩 풀어야지."라고 일방적으로 지시하고 명령하다 보면 아이는 부모가 세운 계획에 끌려가고 맙니다. 공부는 정작 아이가 해야 하는데 말입니다.

왜 공부를 해야 하는지, 어떤 목표를 세울 것인지, 월별, 주별, 매일의 계획과 체크리스트는 어떤 방식으로 짤 것인지, 과목별로 공부는 어떻게 하는 것이 효과적인지, 하루에 분량은 어느 정도가 적당한지, 부족한 과목은 어떤 식으로 보충할 것인지, 이 모든 과정이 아이에게 자연스러운 루틴이 될 수 있을 때까지 부모는 아이의 손을 단단히 잡고 있어야 합니다.

아이가 처음 자전거를 배울 때를 떠올려 보세요. 저 역시도 아들이 세발자전거에서 두발자전거로 바꿔 탈 때, 오래도록 뒤에서 잡고 함께 달려야 했습니다. "엄마가 잡고 있어. 그러니 걱정하지 말고 균형을 잡아 봐." 아이가 능숙하게 페달을 밟을 때까지 말입니다.

자기주도학습도 마찬가지입니다. 아이가 올바른 공부 방향성과 학습 방법, 적절한 자기 통제 및 피드백과 성찰, 그 모든 과정을 스스로 할 수 있을 때까지 부모님이 뒤에서 안정적으로 도움을 주셔야 합니다. 만약 아이가 "엄마, 영어 문법이 좀 부족한 것 같아. ○○학원 △△선생님이 잘 가르친대. 거기 한 달만 다녀 볼게."라고 말하는 순간이 온다면 어떨까요? '아, 우리 아이가 비로소 완벽한 자기 주도의 길로 접어들었구나.'라고 생각하시며 맘껏 기뻐하셨으면 좋겠어요. 꽉 쥔 두 손의 힘을 살짝 풀어도 좋을 순간이 온 거니까요.

아이가 진짜 원하는 건

톨스토이의 우화 중 소와 사자에 관한 재미난 이야기가 있습니다. 둘은 사랑에 빠져 결혼합니다. 소는 사자를 위해 자신이 좋아하는 풀을 가져다주고요, 사자는 소를 위해 고기를 잔뜩 물어다 줍니다. 하지만 상대는 아무것도 먹지 못합니다. 자신들이 먹을 수 있는 음식이 아니었거든요. 화가 난 소와 사자는 결국 서로를 탓하면서 헤어지게 되지요.

우리도 그들과 다름없는 사랑을 할 때가 많습니다. 내가 좋아하는 걸 상대도 원할 거라 믿는 거죠. 자신은 항상 최선을 다한다고 생각하지만, 그러한 노력을 알아봐 주지 않는 상대에게 서운하고 불평하는 마음이 생깁니다.

『5가지 사랑의 언어』로 유명한 게리 채프먼(Gary Chapman)도 어긋난 사랑에 대해 말합니다. 그는 목사였지만 상담가로도 활동했었는데요, 특히 이혼가정 상담을 많이 하면서 '열심히 살았지만 결국 이혼하게 되는 부부'의 문제점이 무엇인지 고민하게 되었지요. 그리고 소와 사자처럼 부부 사이에도 각자가 필요로 하는 사랑의 언어가 다름을 발견합니다. '인정하는 말, 함께하는 시간, 선물, 봉사, 스킨십'의 5가지 사랑의 표현 방식이 있다는 것이지요.

인정과 지지의 말을 듣고 싶은 사람에게는 '잘했다, 수고했다, 대단하다'와 같은 말을 해 줘야 사랑받고 있다고 느낍니다. 그런데 잘한다고 선물을 하거나 근사한 레스토랑에서 밥 먹자고 하면 아무래도 약효는 떨어집니다. 상대가 진짜 좋아하는 걸 주는 게 사랑입니다. 그리고 그 사랑에 대가를 바라거나 기대하지 않는 게 진짜 사랑일 테고요.

남편과 아내의 사랑의 언어가 다르듯 부모와 아이 사이에서도 마찬가지입니다. 아이마다 원하는 사랑의 언어도 분명 다르지 않을까요. 시험을 백 점 받아 기쁜 마음으로 엄마에게 달려가 자랑했는데 인정하는 말 대신 용돈을 준다면 아이는 사랑받고 있다고 느끼지 못합니다. 아빠와 축구를 하며 주말을 함께 보내고 싶어 하는 아이에게 나중에 놀이공원 가겠다고 약속한들 아이가 좋아할까요.

부모는 자신에게 익숙한 방식이 아니라 아이들이 진짜 원하는 사랑을 주어야 합니다. 그래야 아이들은 충분히 사랑받고 있다고 느끼겠지요.

연수는 초등학교 4학년부터 수학 학원에 다니기 시작했습니다. 수학 성적이 낮은 편은 아니었지만, 수학만큼은 선행학습을 하지 않으면 고학년부터는 따라잡기 어렵다는 말에 학원 대열에 끼게 되었지요. 한창 친구와 어울리고 놀고 싶은 연수였지만 어쩔 수 없이 주 5일 이상을 꼼짝없이 학원에 가야 했습니다.

어느 날 활달한 연수가 쉬는 시간에도 꼼짝하지 않고 앉아 있습니다. 궁금한 마음에 뭘 그리 골몰하고 있는가 봤더니 수학 문제집을 풀고 있습니다. 밀린 학원 숙제를 하고 있었던 거예요. 하루에 5장씩 해야 한다는데 양이 꽤 많아 보였습니다. 문제도 중상급 수준이라 언제 저걸 다 하나 싶었어요.

몇 달 학원을 잘 다니나 했는데 결국 탈이 나고 말았습니다. 아이에게 신경성 위경련이 온 거지요. 시도 때도 없이 배가 아프다며 점심을 거르기 시작하더니 급기야 병원에 갈 처지가 된 거예요. 매일 학원 가는 것도 버거웠을 텐데, 숙제까지 해야 했으니 아이의 능력치를 초과한 것이지요.

연수 엄마는 분명 아이에게 필요할 거라 생각해서 학원을 보냈을 거예요. 문제는 아이 역시 원할 거라고 생각했다는 거죠. 아이의 마음을 외면하고 계속 밀어붙인다면 둘은 어떻게 될까요. 상대가 진짜 원하는 게 무엇인지 알지 못했던 소와 사자처럼 점점 사이가 멀어지지 않을까요.

부모가 원하는 것이 진짜 아이가 원하는 걸까요? 그렇다면 우리 아이가 진짜 원하는 건 뭘까요? 과연 어른들은 아이가 원하는 걸 정말 궁금해하기는 할까요? 이 글을 읽고 있다면 지금 당장 책을 덮고 일단 아이에게 물어보세요. 생각보다 답은 간단할지도 모릅니다.

"세상이 좋아하라고 하는 것을
그대로 받아들이기보다
네가 무엇을 좋아하는지 아는 것이
네 영혼을 살아있게 한다."

로버트 루이스 스티븐슨(Robert Louis Stevenson)

부모가 자신들의 삶에 최선을 다하는

모습들을 보면서 아이들도 '힘든 상황에서도

노력하는 엄마 아빠에게 나도 잘하는 모습을

보여야겠다'라는 마음을 먹게 됩니다.

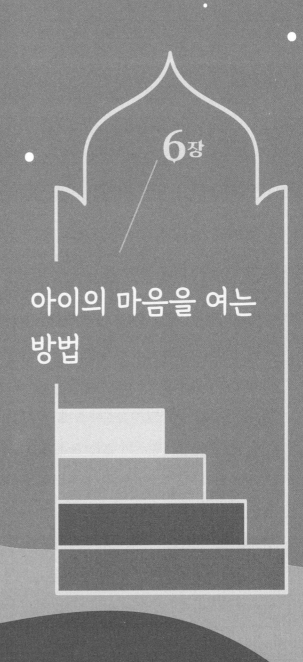

6장

아이의 마음을 여는
방법

침묵의 지혜

오래전에 읽었지만 종종 생각나는 책들이 있습니다. 말로 모건(Marlo Morgan)의 『무탄트 메시지』도 그중의 하나입니다. 책에 등장하는 오스틀로이드는 자신들을 '참사람 부족'이라 부르며 자연과 교감하는 오스트레일리아의 원주민 부족인데요, 그들이 자연과 소통하는 방식도 인상 깊지만 '말'을 사용하는 방식도 놀랍습니다. 작은 몸짓과 눈빛, 미소만으로도 충분히 의사소통이 가능하기에 굳이 많은 말을 하지 않습니다. 아마 말이 지닌 힘이 너무 크고 무겁다는 것을 알기에 함부로 사용하지 않는 것 같습니다. 그들의 말은 외려 노래, 축제, 치료의 도구로 사용되기도 하지요.

지금 우리는 어떤가요? 말이 빚은 실수로 자신뿐 아니라 타인에게까지 재앙이 되는 일이 넘쳐납니다. 아이들에게도 너무 많은 말을 내뱉고 있지요. 정말 해야 할 말은 하지 않고 군더더기가 잔뜩 들어간 훈계와 잔소리가 서로를 멀어지게 하고 있습니다. 간혹 말보다 침묵이 더 큰 힘을 발휘할 때도 있는데 말이지요. 오히려 말을 하지 않는 것이 더 강력한 의사소통 수단이 될 수도 있고요.

코칭의 중요한 스킬 역시 '침묵'입니다. 대화의 중간에 공간을 열어 주는 것이지요. 제가 처음 코칭에 입문했을 때 대화 중 공간을 두는 것이 참으로 힘들었습니다. "당신에게 가장 깊은 성찰을 주었던 순간이 언제인가요?"라는 질문을 했다고 하죠. 상대가 바로 대답을 하지 않으면 불안해집니다. 그 침묵이 10초, 20초가 넘어가면 초보 코치는 참지 못하고 재차 질문을 하거나 다른 질문으로 넘어갑니다. 혹은 자기 질문에 자기가 대답을 하거나요. 겉은 고요해 보이지만 내면에서는 격랑에 휘몰아치는 거대한 내적 동요가 일어나고 있음이 분명한데 말입니다.

평소 생각하지 않았던 강력한 질문을 받게 되면 대부분의 사람은 침묵하게 됩니다. 익숙함에서 벗어나 전혀 다른 것을 발견하는 통찰의 시간이 필요하기 때문이지요. 그런데 그 침묵의 순간을 쓸모없는 시간이라 여긴다면 현실을 새로운 관점으로 자각할 소중한 기회를 날려 버리는 셈입니다. 깊은 성찰의 순간은 비슷한 일과의 반복 속에서 발생하기는 힘듭니다. 자기 자신을 들여다볼 수 있는 고요의 순간에 머물러야 내면의 지혜와 만날 수 있는 법이지요.

부모에게는 아이의 공간을 품을 만한 깊은 고요가 필요합니다. 부모가 걱정과 불안으로 이래라저래라 참견하고 잔소리를 반복한다면 아이의 내면을 들여다볼 여유가 없습니다. 말이 앞선다는 생각이 든다면 그 순간 '침묵의 힘'을 마음속에 새겨 보세요. 그리고 일단 속으로 1부터 10까지 세어 보세요. 그럼에도 불구하고 그 말을 꼭 해야겠다면 그것이 아이에게 꼭 필요한 '한 방'인지도 생각해 보세요. 만약 그렇지 않다면 일단 침묵하는 것이 먼저입니다. 침묵이 주는 강력한 힘을 아이와 혹은 타인과의 관계에서 꼭 경험해 보시길 바랍니다.

어른의 말이란

탄생 직후 아이는 자아自我와 피아彼我를 구분하지 못합니다. 모든 것이 하나이지요. '나'라는 개념이 없으니 오롯이 이 공간 속에 존재합니다. 바스락거리는 소리에 놀라 화들짝 울기도 하고, 신기한 듯 두리번거리며 눈을 반짝이기도 합니다. 알록달록 모빌에서 눈을 떼지 못하기도 하고, 엄마가 부르는 다정한 목소리에 미소 짓거나 까르르 웃기도 하지요. 마냥 신기한 세상 속에서 하얀 도화지처럼 모든 것을 흡수합니다.

아이에게는 '나'라고 부를만한 것이 없습니다. 우리가 언제 이름을 갖게 되었을까요? 타인이 불러 주니 그게 내 이름인 줄 압니다. 타인이 사과를 사과라고 부르니 그것이 사과인 줄 아는 것이고, 나를 안아 주는 사람을 '엄마'라고 하니 '엄마'라고 하는 것뿐입니다. 더 나아가 부모님이 나를 '어떠하다'라고 하면

'나는 어떠어떠한 사람이구나'라고 생각하게 되지요.

제가 가르쳤던 미희라는 친구도 마찬가지였어요. 수업 중 미희에게 질문을 했더니 갑작스러운 물음에 눈빛이 흔들리던 미희는 말을 더듬거리며 고개를 푹 숙였어요. 나중에 조용히 불러서 왜 그러냐고 물어봤지요. '저는 원래 그래요.'라고 말합니다. 이제 12살밖에 안 된 아이가 자신을 원래 그런 사람이라고 하니 마음이 무겁고 아팠어요.

사정을 들어보니 미희는 요즘 보기 드문 4남매 중에서 막내였습니다. 형편이 넉넉하지 않다 보니 가족들 모두 사는 게 팍팍합니다. 막내 미희는 그들의 가장 만만한 샌드백이 된 거예요. 부모와 언니들은 아프고 뾰족한 말들로 미희를 힘들게 하고 있었어요. '너는 왜 이 모양이냐? 아이고 답답해라. 알아듣게 좀 말해야지, 좀 빨리빨리 할 수 없니?' 막내는 점점 더 주눅 들었고, 부모와 가족들이 한 말을 곧이곧대로 믿고, 그걸 자기 자신과 동일시하게 된 것이지요.

자신과 타인, 세상에 대한 인식이 전무한 아이들은 주위의 자극을 가감 없이 받아들입니다. '이건 이렇구나, 저건 저렇구나, 나는 이런 사람이구나.' 인식이 사실이 되고, 반복된 사실은 신념이 되고, 신념은 그 사람의 현실이 됩니다. 자신을 이미 그런 사람이라고 믿어 버린 미희의 세상은 당분간 희뿌연 어둠일 가능성이 큽니다.

타인이 믿는 신념이 내 것일 이유가 없다는 걸 알아야 합니다. 괴로움을 자각하고 벗어나겠다는 의지도 있어야 하는데, 현실을 보이는 대로 믿어 버리면 그저 순응하며 살게 됩니다. 단단한 벽을 스스로 깨고 나오기는 말처럼 쉬운 일이 아닙니다.

부모로서 나의 말이 사실일까요? 내 것입니까, 아니면 내 부모의 것입니까? 세상은 살기에 녹록지 않다는 부모의 말을 앵무새처럼 아무 생각 없이 나의 아이들에게도 반복하고 있지는 않습니까? '좋은 대학 가야 편하게 살 수 있다, 혹은 사랑받기 위해 너는 이것을 해야만 한다, 성공하기 위해서 열심히 노력해야 한다'는 말은 누구의 것입니까? 그것이 백 프로 진실이라고 장담할 수 있을까요? 성공도 실패도 선택의 결과일 뿐이지 그것이 삶 자체가 아닙니다. 과정일 뿐이에요.

정제되지 않은 부모의 말 역시 아이들에게는 상처가 됩니다. '너 때문에 되는 일이 없어'라고 말한다면 아이는 죄책감을 갖게 됩니다. '네가 하는 일이 그렇지 뭐'라는 비난은 그대로 수치심이 되고요. 아이들은 말의 진의를 판단할 수 없습니다. 부모의 말을 여과 없이 받아들입니다. 되풀이되는 무의식적인 말이 아이에게는 실제가 되기도 하고요.

부모의 말은 아무 생각 없이 내뱉어지면 안 됩니다. 신성하고 아름다운 것이어야 합니다. '너로 인해 나의 삶은 축제가 되었단다.' '너는 나의 가장 큰 선물이야.' '네가 어떤 모습으로 존재하든지 너를 있는 그대로 사랑한다.' '나는 너를 진심으로 사랑해.' 이러한 말들이야말로 진실로 배려하는 마음, 사랑하고 도와주려는 마음, 친절하고 상대를 존중하는 마음입니다. 아이를 진정으로 위하는 따뜻함이고요. 이때 비로소 아이의 삶은 더 크게 확장하고 풍요롭게 바뀔 것입니다. 이제 어둠에서 빛으로, 무지에서 진짜 사랑으로 나와 아이를 키우고 돌봐야 할 때입니다.

마음을 여는 대화의 기술

　말하기 못지않게 듣기도 매우 중요합니다. 그렇게하겠다고 '용기'를 내야 할 만큼요. 정말 용기가 필요한 일인지 의심된다면 일단 10분 만이라도 상대방과의 대화에 집중해 보세요. 머릿속에 어떤 생각이 떠오르더라도 상대방의 이야기를 먼저 듣겠다고 결연하게 다짐해야 합니다. 그렇지 않으면 참견하고 싶어 근질거리기도 하고, 할 말이 입안에서 빙빙 돌다 불쑥 튀어나올지도 모릅니다. 엄청난 집중력과 인내, 용기가 있어야 함을 알게 될 거예요.

　정말 잘 듣겠다고 마음먹고 꾸준히 시도한다면 언젠가는 고난도의 듣기 기술까지 마스터할 날이 올지도 모릅니다. '이청득심以聽得心'이라는 말이 있지요. '귀 기울여 경청하는 것은 사람의 마음을 얻는 최고의 지혜'라는 말입니다. 그런 기술을 갖고 있다면 가장 강력한 무기를 장착하고 인간 세상에서 살 수 있으니 얼마나 매력적입니까.

고현숙 코치의 『유쾌하게 자극하라』에 소개된 경청의 4단계를 소개해 드릴게요. 1단계는 배우자 경청(Spouse Listening)입니다. 스마트폰을 보거나 TV를 시청하면서 배우자가 하는 말을 듣는 둥 마는 둥 하는 경우에 빗대어 표현한 말입니다. 심지어는 상대가 말을 하는 도중에 자르기도 하지요(혹시 찔리는 분이 계실지도 모르겠군요). 아이들과의 대화를 예로 들어 볼게요.

✦ 아이: 엄마, 급식실에서 줄 서고 있는데 재우가 밀치고 새치기했어요. 하지 말라고 했는데도 사과도 안 하고 엄청 기분 나빴어요.

엄마: 알았어. (시선은 스마트폰을 보고 카톡을 하면서) 근데 너, 학교 다녀와서 손은 씻었니?

이런 대화가 지속된다면 아이는 엄마의 무관심과 냉대에 결국 입을 다물 것입니다. 엄마는 엄마대로 아이의 말에 반응해 줬다고 생각할 수 있지만 그 어떤 피드백도 감정적인 교류도 오고 가지 않습니다. 사실 AI와의 대화도 이것보다는 나을 거예요. 적어도 공감하고 대안은 제시할 테니까요.

두 번째는 2단계로 수동적 경청(Passive Listening)입니다. 배우자 경청처럼 말을 중간에 끊지는 않습니다만 아이에게 주의를 기울이거나 반응하지 않으니 벽 보고 이야기하는 격입니다. 엄마의 반응이 없으니, 아이는 당연히 시무룩해지고 말할 의욕을 잃어버리게 되겠지요.

✦ 아이: 엄마, 급식실에서 줄 서고 있는데 재우가 밀치고 새치기했어요. 하지 말라고 했는데도 사과도 안 하고 엄청 기분 나빴어요.

　엄마: (아이를 보는 둥 마는 둥 하면서) 재우가 밀쳤다고? 진짜 걔는 자꾸 왜 그런다니? 엄마 지금 하던 일 마무리해야 하니까 미안하지만 나중에 이야기하자.

3단계는 적극적 경청(Active Listening)입니다. 아이의 말에 집중하고 적절한 제스처와 추임새를 넣어 공감해 줍니다. 하지만 결국은 엄마가 하고 싶은 말만 하지요. 진짜 아이가 원하는 것이 무엇인지 알려고 하지 않고, 엄마가 답을 제시해 주니 대화가 자연스럽게 이어지지 않습니다. 아이는 엄마로부터 자신의 속상한 마음을 공감받고, 엄마가 내 편이 되어 마음을 토닥여 주길 바라는데 엄마는 그런 아이의 마음은 들여다보지를 않습니다.

아이: 엄마, 급식실에서 줄 서고 있는데 재우가 밀치고 새치기했어요. 하지 말라고 했는데도 사과도 안 하고 엄청 기분 나빴어요.

엄마: (아이의 얼굴을 바라보며) 그런 일이 있었구나? 진짜 엄청 기분 나빴겠네.

아이: 한두 번도 아니고, 정말 몇 번째인지 모르겠어요.

엄마: 자꾸 그러니까 정말 속상하겠다. 선생님께 말씀은 드려 봤니?

아이: 선생님께 얘기해도 달라지는 게 없어요. 선생님도 짜증 나.

엄마: 그래도 선생님께 다시 이야기해 봐. 짜증 내지 말고.

아이: 엄마도 선생님이랑 똑같아. 에이씨. (자기 방으로 들어가 버린다.)

마지막으로 가장 높은 단계의 경청은 맥락적 경청(Contextual

Listening)입니다. 아이가 말하지 않은 것까지도 듣는 것입니다. 아이가 정말 원하는 것은 뭘까? 아이는 어떤 감정을 느끼고 있지? 아이가 이런 말을 하는 의도는 무엇일까? 생각, 감정, 의도, 욕구와 같이 드러나지 않은 것까지도 세심하게 들어야 합니다.

＋ 아이: 엄마, 급식실에서 줄 서고 있는데 재우가 밀치고 새치기했어요. 하지 말라고 했는데도 사과도 안 하고 엄청 기분 나빴어요.

엄마: (아이의 얼굴을 바라보며) 그런 일이 있었구나? 진짜 엄청 기분 나빴겠네.

아이: 한두 번도 아니고, 정말 몇 번째인지 모르겠어요.

엄마: 이번이 처음이 아니어서 더 기분이 안 좋았겠네.

아이: 맞아요. 정말 짜증 나요.

엄마: 엄마가 학교 다닐 때 그런 일을 겪어서 네가 얼마나 짜증 나는지 이해할 수 있을 것 같아.

아이: 그쵸? 근데, 선생님께 얘기해 봤는데 바뀐 게 하나도 없어요.

엄마: 선생님께 말씀드렸다니 용감하네. 근데 바뀐 게 없어서 속상하겠다. 우리 지영이가 진짜 원하는 게 뭘까?

아이: 선생님이 재우를 따끔하게 혼내서 사과도 받고 싶고, 앞으로 그런 일이 없었으면 좋겠어요.

엄마: 아 그렇구나. 맞아 앞으로 그런 일이 또 있으면 정말 안 될 것 같아. 네가 생각한 좋은 방법은 뭘까?

아이: 음…. 선생님께 편지를 써 볼까요? 제가 얼마나 속상한지 모르실 수도 있으니까요.

엄마: 와. 그런 방법이 있었네. 정말 좋은 아이디어인 것 같아.

아이: 정말요?

엄마: 그럼, 선생님께서 네 마음을 충분히 알게 되면 도움을 주실지도 몰라.

아이: 그렇게 되면 진짜 좋겠어요. 이따 선생님께 편지를 써 볼게요.

엄마: 오늘 당장 하려는 모습이 멋있네. 엄마가 뭘 도와주면 좋을까?

아이: 같이 편지지 사러 갈까요?

엄마: 그래, 그러자. 근데 엄마가 하던 일 마무리해야 하니, 30분만 시간을 기다려 줄래?

아이: 네, 그동안 간식 먹고 있을게요.

아이의 마음을 온전히 공감해 주고, 그 순간 아이의 말을 따라가다 보면 엄마가 할 건 아무 것도 없습니다. 아이가 원하는 답이 이미 아이의 마음속에 있으니까요. 어떤 순간에도 엄마가 내 편이 되어 주고, 마음을 품어 주고, 지지하고 응원한다는 걸 알고 있는 아이는 세상에 두려울 게 없습니다. 지혜롭고 용감한 아이가 됩니다. 곁에서 잘 들어 주기만 해도 육아의 반은 성공한 셈입니다.

공감으로 치유되는 아이들

공감이란 다른 사람의 내면에서 벌어지는 감정과 경험하는 모든 것을 함께할 수 있는 능력입니다. 너무나 핵심적인 대화 기술이라 그 중요성을 지면에 다 쓸 수도 없을 정도입니다. 상대방의 경험에 동의하는가 그렇지 않은가는 상관없습니다. 굳이 내 생각을 그와 맞출 필요도 없고요. 그저 편안하게 상대의 존재에 나의 존재가 닻을 내리는 것입니다.

만약 아이의 말에 공감하고 싶다면 뭔가 특별한 걸 하겠다는 마음을 내려놓으세요. 걱정하는 마음에 혹은 아이를 위한다는 마음에 무언가를 한다면 그것 역시 나의 판단이나 분별일 뿐입니다. 상처받은 아이의 마음이 어떨지 굳이 예측하지 않아도 되고, 엄마가 해결해 주지 않아도 괜찮습니다. 그저 지금 이 순간 아이의 경험에 동시에 존재하는 두 개의 마음이 있을 뿐이니까요.

아이의 마음이 옳은지 그른지, 맞는지 틀렸는지 구태여 따지지 않습니다. 하나의 에너지장 속에서 동일한 흐름을 타고 아이와 함께 손잡고 걷는 것입니다. 그러다 보면 아이의 마음을 저절로 알게 됩니다. 이것은 머리로 아는 것과 다릅니다. 마음과 마음이 통하는 것이기에 가슴이 먼저 알게 되지요.

아이가 "엄마, 친구가 학교에서 나를 따돌리고 괴롭혀요. 너무 힘들어서 죽고 싶어요."라고 말했다면 그 순간 엄마의 마음은 '쿵'하고 내려앉을지 모릅니다. 그동안 눈치채지 못한 자신을 자책할 수도 있고요. 그럴지라도 엄마는 먼저 아이의 마음을 온전히 수용해 주어야 합니다. "죽고 싶을 만큼 힘들었구나. 학교에서 그런 일이 있었는데 엄마는 몰랐었네. 정말 미안해. 얼마나 힘들었을까. 엄마에게 말해 줘서 고마워. 그동안 무슨 일이 있었는지 좀 더 자세히 말해 줄 수 있니?" "○○이랑 사소한 일로 말다툼했는데 그걸 꼬투리로 반 친구들에게 나를 험담하고 다녔어요. 반 친구들 모두 나를 나쁜 애 취급해서 학교에도 가고 싶지 않아. 정말 죽고 싶어." "정말 죽을 만큼 힘들었겠다. 엄마도 너 같은 상황이었으면 견디기 힘들었을 거야. 얼마나 마음이 아팠을까."

이렇게 엄마는 아이의 마음을 온전히 받아주어야 합니다. "선생님한테 얘기 안 했어? 왜 진작 엄마한테 말하지 않았어? 그러게 엄마가 그 애 느낌이 안 좋다고 어울리지 말라고 몇 번을 말했니? 어휴 속상해."라고 말한다면 이건 공감이 아닙니다. 아이에 대한 비난, 조언으로 아이는 두 번째 화살을 맞는 격입니다.

부모가 아이의 감정에 토를 달지 않고 있는 그대로 수용해 주면 아이는 그제야 자신이 있는 그대로 존재해도 괜찮다고 느낍니다. 세상에 오직 혼자라는 두려움과 절박함 속에서 누군가가 곁에 있다는 위안과 위로를 받게 되지요. "아, 내가 이상한 게 아니구나, 이게 죽을 만큼 속상한 일이 맞았어. 내가 잘못한 게 아니야."라는 안도감을 느끼게 되지요.

아이에게 공감을 잘하려면 비난이나 비판, 조언이나 충고는 삼가해야 합니다. 아이는 뒤로 물러나 자신만의 방어벽을 더 단단하게 쌓아 올릴지 모릅니다.

공감하기 위한 두 번째 방법은 있는 무언가를 해결하려는 마음을 내려놓고, 그저 함께 그 감정에 머물러 주면 됩니다. 힘들다고 하면 힘든 그 마음을 읽어 주세요, 아프다고 하면 아픈 그 마음 곁에 머물러 주세요. 그 마음을 느낀다고 해서 엄마 역시 함께 힘들고, 함께 아파하라는 말이 절대 아닙니다.

　공감해 주는 사람은 중립적이어야 합니다. 공감을 잘해 주겠다고 함께 눈물을 흘리고, 분노를 하는 건 상대에게 오히려 도움이 되지 않습니다. 흔히 코치나 상담가는 상대를 비추는 거울이라는 말을 하곤 합니다. 거울은 그 자신이 티끌 없이 깨끗할 때 상대를 있는 그대로 비추어 줄 수 있잖아요. 거기에 엄마인 나의 감정과 생각이 덕지덕지 붙어 버린다면 아이는 자신의 모습을 객관적으로 바라볼 수 없게 됩니다. 진짜 내 감정이 어떤지, 나는 무엇을 원하는지, 감정 이면에 내 욕구가 무엇인지 말이지요.

　마지막으로 아이가 어떤 감정을 표현하더라도 허용해 주세요. 감정은 좋고 나쁜 게 없습니다. 만약 부모가 "그런 말 하면 안 돼, 그건 나쁜 마음이야."라고 한다면 아이는 그 감정을 억누르고 표현하지 않게 됩니다. 어른이 된다면 비슷한 상황에서 그러한 감정을 표현하는 사람을 절대 공감하지 못하는 사람이 되어 버리겠지요. 다양한 경험을 하고, 많은 관계 속에서 감정을 주고받은 아이라야 공감을 잘하는 어른으로 성장하게 됩니다. 공감 역시 배워야 하는 이유입니다.

　타고난 우리의 공감 능력은 자라면서 어른들의 판단과 사회적 요구에 의해 점점 소멸됩니다. '옳다, 그르다, 맞다, 틀리다'와 같은 고정관념이나 고유한 관점, 판단과 분별이 생겨납니다. 이는 타인을 공감하고 이해하는 데 방해가 되지요. 그러한 생각은 내가 태어날 때부터 가지고 있던 걸까요? 아니지요, 아마 외부에서 주입되고 강요된 것들이 대부분일 것입니다. 그 생각의 생각을 거슬러 올라가 보면 절대 옳은 어떤 진리가 존재할까요? 그럴 리가요. 오래전부터 누군가의 한 생각이 있었고, 그 생각에 또 다른 누군가의 생각이 덧대어지고 또 덧대어졌을 뿐이지요.

그러한 방해물을 모두 제거하면 분리할 수 없는 너와 나만 남습니다. 너와 나 사이에 아무런 장애나 분별, 고정관념이 없다면 둘은 나눌 수 없는 하나가 됩니다. 하나가 다른 하나를 이해하고 말고 할 게 없습니다. 그가 나이고, 그녀가 나이고, 내가 그녀이고, 내가 그이기 때문이지요. 노력하지 않아도 자연스럽게 이해와 공감이 일어납니다.

칭찬에도 방법이 있다

학교에서 아이들을 가르치면서 한동안 칭찬에 고무되었던 적이 있습니다. '칭찬은 고래도 춤추게 한다'니 얼마나 신선합니까? 몇 권의 책을 읽고 준비되었다고 믿었습니다. "우와, 그림 참 잘 그렸구나!", "방 정리를 깨끗하게 해 줘서 고마워.", "네가 가진 지우개를 친구에게 빌려줬구나. 참 따뜻하네." 아이들에게 좀 과하게 칭찬을 남발했던 것 같습니다. 그리고 효과가 있다고 생각했어요.

지금 돌이켜보면 부끄럽습니다. 아이들은 무의식적으로 압니다. 그것이 형식적인지 진심인지 말이죠. 제 이면에는 칭찬 몇 마디로 아이들을 교사의 기대대로 바꾸고, 평가하고 싶었던 마음이 있었던 거예요. 물론 아이들은 부모나 교사의 인정과 칭찬을 받으면 매우 기뻐합니다. 그것이 동기가 되어 더 잘하고 싶은 마음이 생기기도 하고요. 하지만 지속적인 변화의 원천은 칭찬이나 보상과 같은 외적 동기가 아닌 내적 동기입니다. 즉, 행위 자체가 주는 기쁨, 자발적인 즐거움과 열정으로 도전적인 목표를 수행할 때 진정한 변화가 이루어지는 것이지요.

고래를 춤추게 한다는 칭찬의 효과에 대해 의문을 제기한 실험도 있습니다. 과거 EBS에서는 10부작 「학교란 무엇인가」라는 프로그램에서 칭찬의 역효과를 다루었지요. '잘한다, 똑똑하다, 대단하다'라는 칭찬은 오히려 아이에게 심리적인 압박과 부담을 준다는 것입니다. 스스로는 평범하다고 생각하는데 주변에서 자꾸 추켜세우면 그들의 기대에 부응하고 싶어지겠지요. 그러면 실패가 예상되는 도전은 하지 않거나 정직하지 못한 방법으로 억지 성과를 내게 됩니다. 오히려 칭찬이 아이의 지속적인 성장을 방해하고 자존감을 떨어뜨리는 결과를 초래한 거지요.

타인의 칭찬 속에는 '네가 그렇게 해서 내 맘에 든다. 앞으로도 내 맘에 들도록 행동하길 바란다'라는 숨은 마음이 있습니다. '원하는 대로 행동하지 않는다면 나는 너를 비난할 것이다'라는 뜻이기도 하지요. 칭찬을 도구 삼아 아이들을 통제하려는 어른들의 욕심이 오히려 아이들을 위축되게 하고 기대에 못 미칠까 봐 불안하게 만드는 것이지요. 매스컴을 떠들썩하게 했던 수많은 천재와 영재들이 사라진 이유이기도 하고요.

그렇다면 좋은 칭찬은 무엇일까요? 결과보다는 과정을 칭찬해 주세요. 그것을 하기 위해 아이가 기울인 특별한 노력과 과정, 아이의 태도와 자세를 칭찬해 주세요. 100점을 받아서 잘한 것이 아니라, 그 과정에서 아이가 어떤 노력을 했는지, 어떤 것을 인내하고 시도했는지, 친구들과 어떻게 협력했는지를 말해 주세요. 그리고 부족한 점이 보인다면 "어떤 점이 스스로 뿌듯하니? 아쉬운 건 없었어? 다음번에는 어떤 새로운 도전을 해보고 싶니? 주변 사람들에게 어떤 도움이 필요했니?"라는 질문으로 아이의 시야를 확장해 주세요. 그리고, 아이들에게 뭘 해도 괜찮다는 믿음을 주세요. 심적으로 편안해진 아이들은 진짜 원하는 것을 찾아 자유롭게 탐색하기 시작할 거예요.

칭찬으로 고래가 춤추듯 아이들이 장단 맞춰 쉽게 변한다면 진정 가치 있는 존재라 할 수 없습니다. 춤은 스스로 춰야 하는 것이니까요. 다른 사람의 말 한마디에 아이들이 춤춘다면 그게 더 이상한 일이지요. 무엇을 해서 칭찬받는 게 아니라 존재 그 자체로 인정받는다면 아이들은 평생토록 자기만의 춤을 추지 않을까요.

문제를 해결하는 간단 대화법

현장에서 발생하는 자잘한 갈등이나 학교폭력 사안을 접하면서 가장 아쉬웠던 건 서로의 감정을 잘 전달하고 화해만 했었어도 큰 문제가 안 됐을 사례가 많다는 겁니다. 사안의 크고 작음을 떠나, 자신의 감정을 이해받지 못했다는 억울함, 상대방의 진정 어린 사과를 받지 못했다는 모멸감이 갈등과 충돌의 가장 큰 원인이거든요.

정말이지 '말 한마디로 천 냥 빚을 갚는다.'라는 말은 백번 천번 맞는 말입니다. 근데 자신의 감정을 전달하고, 상대방을 공감하는 건 생각보다 쉽지 않습니다. 상대가 하는 말을 듣고, 내 의사를 명확하게 전달하는 대화법을 구구단 외우는 것만큼도 배우지 못한 것도 사실이고요. 제가 현장에서 가장 많이 사용했던 방법은 나 전달법(I-message), 비폭력대화법이었습니다. 매

낮은 어른다운 출근

우 간단하기도 하고, 아이들이 실제 사용하기도 쉽거든요. 갈등이 생기면 흔히 어른들은 '네가 이렇게 했고, 너는 저렇게 했고, 그러니 누가 더 잘못했네.'라며 심판관의 역할을 하곤 합니다. 그러면 안 됩니다. 혹은 "다 같이 잘못했으니 둘 다 미안하다고 말해."라고 하기도 하지요. 서로 사과하는 말로 퉁치자는 건데, 이거야말로 서로의 공감 없이 대충 두루뭉술 넘어가자는 거거든요.

나 전달법(I-message)과 비폭력대화법

나 전달법(I-message)은 '나'를 주어로 자신의 생각과 감정을 표현하는 대화법입니다. 구체적인 사실(너가 ~행동을 했다), 사실에 대한 감정(그래서 내 마음이~하다), 바람 표현(앞으로 이렇게 해 줬으면 좋겠다)의 단계로 'YOU'에 대한 지적이나 비난과는 반대로 'I'의 솔직한 감정, 느낌, 요구 사항을 전달하는 방법이죠.

비폭력대화는 연민의 대화라고 부르는데요, 이러한 연민의 방식으로 다른 사람들과 유대관계를 맺고 우리 자신을 더 깊이 이해하기 위한 대화법이지요. 미국의 마셜 로젠버그 박사에 의해 제창되었고 현재는 『비폭력대화』(2017, 한국NVC센터)라는 책으로 많은 사람들에게 알려졌습니다. 비폭력대화는 관찰-느낌-욕구/필요-부탁의 절차를 거칩니다.

고든의 '나 전달법'

"너는~", "너 때문에~"로 시작하는 문장은 듣는 사람을 비난하는 경향
이 있습니다(예 : "엄마가 늦게 깨우는 바람에 지각이잖아."), 반면 '나
전달법'은 상대방을 비난하지 않고 나의 입장에서 상대방의 행동에 대
한 내 느낌을 전달하는 화법입니다.

〈활동 방법〉

① 받아들일 수 없는 상대의 행동을 비난하지 않고 사실대로 말합니다.(상황)

② 상대의 행동이 나에게 주는 구체적인 영향을 말합니다.(영향)

③ 상대의 행동이 나에게 영향을 줬을 때 나의 느낌을 말합니다.(느낌)

④ 나의 바람을 말합니다.(바람)

> 예 네가 지나가면서 내 책상을 건드리는 바람에(상황),
>
> 책상 위에 두었던 물통이 바닥에 떨어졌어.(영향)
>
> 바닥에 흘린 물을 닦아야 해서 귀찮고 속상해.(느낌)
>
> 다음부터는 지나갈 때 좀 더 조심했으면 좋겠어.(바람)

비폭력대화법

1. 관찰 : 내가 보고 들은 것을 말합니다.

> 예 "네가 ~ 하는 것을 보고(듣고)"

2. 느낌 : 그 행동을 보고 느껴지는 기분을 표현합니다.

> 예 "난 ~한 느낌이야."

3. 바라는 것 : 그런 기분이 느껴지는 까닭을 말합니다.
   내가 원하는 것을 말합니다.

> 예 "왜냐하면, 난 ~을 바라기 때문이야."

4. 부탁 : 상대방이 어떻게 하면 좋을지 표현합니다.

> 예 "네가 ~해 줄 수 있겠니?"

교사나 부모가 먼저 의지를 가지고 나 전달법(I-message), 비폭력대화법을 배우고 실생활에서 적용하려고 노력했으면 좋겠습니다. 처음엔 익숙하지 않지만 갈등 상황이 생겼을 때, 지속적으로 적용하다 보면 나중에 아이들이 '이건 이러하고, 그러니 내 감정은 이렇고, 나는 이렇게 했으면 좋겠다'며 말로 술술 풀어갈 수 있게 됩니다.

예를 들어 친구가 내 물건을 허락 없이 가져가는 경우, '방금 네가 내 허락도 없이 내 색연필을 가져갔는데 알고 있니?(관찰) 네가 마음대로 내 물건을 가져가서 속상해(느낌). 다음부터는 가져가기 전에 미리 나한테 물어봤으면 좋겠어(부탁).'라며 자신의 감정을 인지하고 요구 사항을 말할 수 있게 되는 것이지요. 이런 연습을 하지 않으면 습관처럼 나오는 반응은 "야, 하지 마." 혹은 선생님한테 쪼르르 나가 이르기 정도입니다. 실제로 "야, 하지 마."라고 말하면 상대방 친구는 뭘 하지 말라는 것인지 모르는 경우가 많습니다. 부주의하게 실수하는 경우도 많고, 모르고 그냥 지나치기도 하거든요. 아이들은 별 뜻 없이 말이나 행동을 하고 뒤돌아서면 금세 잊어버리기도 하고요.

처음부터 잘 될 수는 없습니다. 습관이 되려면 상황이 생겼을 때마다 꾸준히 연습시키는 수밖에 없습니다. "그게 되겠어?"

라며 의심하는 어른들이 오히려 자신의 감정을 표현하는 걸 어
려워하지, 아이들은 몇 번만 연습해도 의외로 상황에 잘 적용하
는 편입니다.

가정에서도 그러한 말하기 훈련을 지속적으로 해야겠지요.
아이의 감정을 들어 주고, 만약 아이들이 어떤 요구를 한다면
진지하게 받아들여야 합니다. "네가 뭘 안다고 그러니?", "알았
다고 했잖아, 그만 이야기해."라며 아이의 말을 묵살해 버린다
면 아이는 이내 입을 닫아 버릴지도 모릅니다.

나는 네가 너라서 좋아

믿는 만큼 자라는 아이들

　믿음에 대한 다른 이야기를 더 해 볼까 해요. 키프로스의 조각가 피그말리온(Pygmalion)은 현실의 여성들에게 환멸을 느껴 이상적인 여인 조각상을 만듭니다. 그 여인에게 갈라테이아(Galatea)라는 이름을 지어주고 진짜 사랑에 빠지고 말지요. 사랑의 여신 아프로디테는 피그말리온의 정성에 감복해 조각상을 실제의 여인으로 만들어 주었다죠. 인간과 조각상의 사랑이라니, 비현실적이지만 아름다운 그들의 사랑 이야기는 무수히 알려졌고, 많은 이들에게 기억되고 있습니다.

　이 이야기에서 따온 피그말리온 효과는 자기충족적 예언(self-fulfilling prophecy)의 다른 말로, 생각하는 대로 이루어진다는 뜻을 내포하고 있습니다. 좋은 생각이든 나쁜 생각이든 기대하는 바에 따라 현실로 창조된다는 것이지요.

신화에서 예를 들지 않더라도 과학적으로 입증된 사례도 많습니다. 1968년 하버드의 교수 로버트 로젠탈(Robert Rosenthal)은 미국의 초등학교 학생들을 대상으로 피그말리온 효과를 실험하게 됩니다. 전체 학생을 대상으로 지능검사를 한후, 무작위로 20%의 학생을 뽑아 지능을 부풀린 명단을 교사들에게 전달하지요. 이 아이들은 지능지수가 높아 성적이 향상될 거라는 거짓 정보도 함께 주었고요.

　　교사들은 아이들에게 긍정적 기대를 하게 되었고, 8개월 후에 다시 지능검사를 하게 되었는데 놀랍게도 일반 아이들보다 평균이 더 높게 나온 것입니다. 물론 반대의 기대를 한다면 원래 자신이 가진 탁월함을 드러낼 기회조차 없을 테지만요. 그것을 낙인효과(stigma effect)라고 합니다.

　　그렇다면 아이와 가장 많은 시간을 보내는 부모가 아이에게 긍정적 기대를 한다면 어떻게 될까요? 긍정적 기대는 지금 당장 아이가 무엇을 증명했다거나 무언가를 잘해 냈기 때문에 믿는 것이 아닙니다. 지금은 아이의 모든 것이 서툴고 부족할지라도 바람직하고 성숙한 존재로 성장할 것임을 믿는 것이지요.

　　아이가 태어났을 때를 떠올려 보세요. 작고 나약한 존재처럼 보입니다. 하지만 아이가 언젠가 부모의 키를 훌쩍 넘을 때가 오리란 걸 알고 있습니다. 아이가 울고 떼쓴다고, 뒤집기를 제때 하지 못한다고 어른이 되지 못할 거라고 고민하는 부모는 아무도 없을 거예요.

한 알의 도토리도 시간이 지나면 한 그루의 떡갈나무가 됩니다. 자연은 그걸 의심하지 않습니다. 그것처럼 서툰 걸음의 아이도 언젠간 뛰어와 엄마에게 안기겠지요. 그것 역시 당연한 일입니다. 두 팔 벌려 아이들을 힘껏 안아 주세요. 쓰다듬어 주면서 믿고 기다리는 것. 그것이 부모가 아이에게 줄 수 있는 가장 큰 긍정적 기대이지 않나 싶습니다.

자존감 높이는 방법

6학년 혜민이는 자존감이 높은 친구 중 한 명입니다. 뭘 하든 즐겁게 하고 최선을 다합니다. 긍정적이고 따뜻한 성품 덕분에 주변에 친구들도 유난히 많지요. 장난꾸러기 친구 한 명이 어느 날 혜민이에게 장난을 걸었습니다. 혜민이 필통에서 지우개를 빼앗아 냅다 도망치면서 약을 올립니다. 제 눈에는 과하다 싶었지요. 그런데 정작 보는 사람만 약이 오르고, 당사자인 혜민이 표정은 부처님 가운데 토막처럼 느긋하기만 했어요. 혜민이에게 "넌 화도 안 나니?" 하고 물으니 웃으면서 자기는 괜찮다고 합니다. 이렇게 너그럽고 따뜻한 혜민이를 친구들이 좋아할 수밖에요.

자존감이 높은 아이들을 보면 대체로 쿨합니다. '그럴 수도 있어'라는 마음으로 친구를 대하기 때문에 좀처럼 갈등 상황이 생기지 않습니다. 오히려 다툼을 중재하는 역할을 자처하기도 하고요. 시험을 못 보면 다른 아이들과 마찬가지로 속상하겠지만, 이내 곧 훌훌 털어버립니다. 마음속에 담아 두고 끙끙거리지 않아요. '다음에 잘하면 되지'라고 생각합니다.

자존감이란 스스로 귀하게 여기고 존중하는 마음입니다. 자기 자신이 소중하다는 것을 아는 사람은 타인에게도 그렇게 합니다. 너그럽게 자신을 품을 수 있는 사람이 타인의 실수에도 대범할 수 있습니다. 사랑하는 마음이 가득하면 결국 넘쳐흐를 수밖에 없지요.

아이들의 자존감은 자라면서 부모에 의해 크게 영향을 받습니다. 타인과 관계 맺기 전에 주된 양육자인 엄마로부터 대리 경험을 하게 되지요. 아이가 '싫어'라고 했을 때 엄마가 감정을 읽고 허용해 주면 자신의 감정을 드러내도 괜찮다고 생각합니다. '나 이거 할래'라고 했을 때, 엄마가 '안 돼, 가만히 있으라고 했잖아'라며 번번이 자신의 요구를 거절한다면 아이는 아무것도 시도하지 않게 됩니다. 불안한 마음에 엄마가 대신 나서서 해결하려 한다면 아이는 스스로 할 수 있는 것까지도 의존하게 되고요. 작은 거라도 스스로 해낼 수 있다는 소소한 성공 경험 속에서 아이들의 자존감은 높아지거든요.

그렇다면, 우리 아이의 자존감을 지켜 주기 위해 부모들은 무엇을 할 수 있을까요?

첫 번째로 아이들이 여러 가지 경험을 할 수 있도록 해야 합니다. 부모의 마음은 아이에게 좋은 것, 즐거운 것, 편한 것만 주고 싶은 게 인지상정입니다. 하지만 실제 삶은 절대 그럴 리 만무합니다. 학교에 가면 선생님에게 혼이 날 수도 있고, 친구와 싸울 수도 있습니다. 경쟁에서 지기도 하고, 오해를 사서 억울한 일도 생길 수 있어요. 그런 과정을 겪으면서 스스로 삶과 인간관계에 더 나은 방법을 모색할 수 있어야 합니다. '아, 이번에는 실패했지만, 다시 시도해 봐야겠어. 친구가 나를 싫어하니 너무 슬프고 속상해. 하지만 모든 사람들이 나를 좋아할 수 없는 게 당연한 거야. 친구들과 잘 지낼 수 있는 방법은 없을까?'라고 말입니다. 그건 절대 부모가 대신 해 줄 수 없는 거지요.

두 번째로 아이를 그저 유약하고 미숙한 존재가 아닌 하나의 인격으로 대해 주세요. 나름의 개성과 독특한 자질이 있음을 인정하고 아이의 말에 귀 기울여야 합니다. 부모가 모든 것을 주도하는 것이 아니라 아이에게 다양한 선택권을 주고 그것에 책임질 수 있도록 해야지요. 만약 아이가 추운 날 짧은 치마를 입고 가겠다고 떼를 쓴다면 무조건 '안 돼'라고 하기보다 '너무

추워서 감기에 걸릴지도 몰라, 한 번 다시 생각해 볼래? 엄마는 네 의견에 찬성할 수 없어. 지난번 감기에 걸려서 병원 다니느라 힘들었던 거 생각나지 않니?'라고 해 보고, 그래도 아이가 고집을 부린다면 그냥 내버려 두세요.

대신 무조건 아이의 의견을 존중하라는 것은 아닙니다. 가족과 함께하는 시간에 대한 규율, 다른 사람을 존중하는 태도, 기본적으로 아이가 소화해야 할 학습 루틴, 위험한 행동에 대한 제지 등은 협의할 사항이 아니겠지요.

세 번째는 아이의 다양한 감정을 존중해 주는 겁니다. 반려견을 하늘나라에 보내고 오랫동안 슬퍼할 수도 있고, 시험을 못 봐 속상할 수도 있습니다. 친한 친구가 전학을 가 외롭다고 느낄 수도 있고, 공부하기 싫어 지루하고 짜증이 날 수도 있겠지요. 부모가 "그럴 수도 있어. 별것도 아닌 일로 그러면 안 돼. 사내대장부가 쪼잔하게 그게 뭐야?"라는 말로 아이의 감정을 축소해 버린다면 아이는 자신의 감정을 부정하게 됩니다. 그리고 '내가 무슨 문제가 있나? 내가 잘못했나?'라고 생각할 수도 있고요. 자신을 부정하는 아이가 자신을 존중하기란 힘듭니다. 자신의 행동을 의심하고 부정하는 아이를 보면 다른 사람의 다채로운 감정도 그것이 옳은지 그른지부터 판별하려 합니다. 그렇다면 교우관계가 어려워질 수밖에 없답니다.

자존감은 아이들뿐 아니라 어른들에게도 중요합니다. 자존감이 높은 사람은 남보다 잘났거나 멋져서, 혹은 무언가를 더 많이 가졌거나 성취했기 때문에 자신을 좋아하는 게 아닙니다. 부족하거나 못난 모습조차도 있는 그대로 받아들입니다. 진정한 자기 수용의 상태가 되면 어떤 모습일지라도 스스로 아끼고 사랑하게 됩니다. 실패하더라도 툭툭 털고 오뚜기처럼 다시 일어날 수 있지요. 자연스럽고 편안한 삶을 살게 됩니다. 아이에게 줄 수 있는 이보다 더 큰 선물이 어디 있을까요.

약속을 지키지 못하겠다면

학부모 상담을 하다 보면 자기 아이를 믿지 못하겠다는 엄마들이 종종 있습니다. 게임을 주말에만 하기로 약속했는데, 지키지 않는다고 불만이지요. 실랑이 끝에 키보드를 숨기는 묘책을 내지만 숨긴 키보드 찾기 정도는 아이에게 누워서 떡 먹기입니다. 하교 후에 학습지 5장을 풀고 친구와 놀겠다고 약속했지만, 한 장도 풀지 않았다는 학원 선생님의 전화를 받고 배신감을 느끼는 경우도 있고요. 그러다 보니 불안한 마음에 집 안에 CCTV를 설치하는 경우도 왕왕 있답니다. 물론 약속을 어기는 것도 모자라 거짓말까지 일삼는다면 올바른 행동이라 볼 수 없습니다. 하지만 묻고 싶기도 합니다. 그건 누구의 약속이었는지 말입니다.

부모들은 약속이라 말하지만, 아이들에게는 엄연히 강요일

때가 많습니다. 권력을 가진 사람이 말하는 약속이란 그저 약한 이들을 통제하기 위한 허울 좋은 단어일 뿐이지요. 약속은 대등하게 힘의 균형을 이룬 관계에서 이루어지는 것입니다. 과연 아이들이 매일 학습지 5장을 풀겠다고 스스로 다짐했던가요? 아니면 게임을 주말에만 하겠다고 스스로 선언하던가요? 어떤 부모들은 아이들이 '약속했기 때문에 철회는 없다'라는 주장을 고수하기도 합니다.

소유 씨도 아이가 태권도 학원에 다니고 싶다고 하자 "네가 다니겠다고 했으니 최소 검은 띠 딸 때까지는 다녀야 하는 거야? 중간에 그만두는 건 안 돼. 그래도 다닐 거야?"라며 아이에게 약속을 받아냅니다. 아이는 친한 친구가 다니니까 저도 함께 가고 싶은 마음에 그러겠다고 합니다.

사실 속내를 보면 아이가 태권도에 정말 흥미가 있거나 관심이 있는 건 아닙니다. 단지 친한 친구와 하교 후에도 함께 놀고 싶은 마음이 큰 거죠. 게다가 친구가 다니는 학원은 생일이면 파티도 열어 주고, 방학 때 놀이공원이나 워터파크에도 데리고 간다니 솔깃한 마음이 들었던 겁니다.

그런데 막상 다녀 보니 별로 재미가 없습니다. 설상가상으로 친한 친구마저 학원을 그만두니 더 다니기 싫어졌습니다. 아이는 엄마에게 태권도를 그만 배우겠다 말했지만, 엄마는 펄쩍 뜁니다. 약속을 했으니 1년은 무조건 다녀야 한다고 말이지요. 헬스장 연간 회원권 끊고 꾸준히 가는 어른이 몇 명이나 있을까요. 어른들도 작심삼일을 반복하는 이가 태반입니다. 그게 나약한 인간의 실체이기도 하고요. 그런데 아직 어린아이에게 약속의 이행을 강요한다면 아이가 진짜 무언가를 배우고 싶어질 때 용기 내어 말할 수 있을까요?

생각은 얼마든지 바뀔 수 있습니다. '생각이 바뀌었어'라고 쿨하게 인정하면 됩니다. 얼마나 많은 약속과 다짐으로 우리는 자신과 타인, 혹은 아이들을 옥죄고 있습니까. 지킬 수 있지만 그러지 못해도 괜찮습니다. 모든 것은 변하기 마련이니까요.

아이들의 호기심과 관심도 수시로 변합니다. 하루 종일 공룡을 가지고 놀던 아이가 싫증을 내고 갑자기 비행기로 갈아탈 수도 있습니다. 어느 날은 과학자가 되고 싶다고 했다가 또 다른 날은 모델이 되고 싶기도 하지요. 아이들은 현실에 단단하게 뿌리를 내리면서 다양한 경험을 통해 넓게 가지를 치는 중입니다. 오히려 아이가 싫증을 잘 낸다면 사고가 다양한 분야로 활발하게 확장되어 가는 중이라고 여기면 좋겠어요.

약속을 지키고 꾸준히 실행에 옮기는 인내의 과정도 물론 배워야 합니다. 하지만 지키지 못할 약속 때문에 괴롭고 고통스럽다면 잠깐 내려놓아도 괜찮습니다. 약속 자체에 문제가 있을 수도 있습니다. 아이가 절대 소화하지 못할 분량의 과제를 내어주고 못 했다고 야단치면 아이는 얼마나 괴로울까요. 가능성이 희박한 목표를 주고, 약속이니 지켜야 한다고 말한다면 아이가 신이 나서 할 수 있을까요.

태권도 검은띠를 따지 못했다고 불성실하고 약속을 번복하는 아이가 되는 건 절대 아닙니다. 아이의 생각이 바뀌었을 뿐이지요. 죽기보다 싫은데 다니는 것보다 새로운 경험을 선택하는 게 아이에게는 훨씬 유익할 수 있습니다.

내 아이 편을 들어라

어느 날 둘째가 들어와서 씩씩거립니다.

"엄마, 체육 시간에 축구했는데, 옆 반 ○○이가 태클을 걸어서 골인 직전에 공을 놓쳤지 뭐야. 그 바람에 손목에 찼던 팔찌가 다 끊어지고 발목도 부었는데, ○○이는 사과도 하지 않고 종 치자마자 교실로 들어가 버렸어. 진짜 화가 나."

"뭐 그렇게 나쁜 애가 다 있니? 그 팔찌는 네가 진짜 소중하게 생각했던 거잖아."

예전에 제가 준 구슬 팔찌였는데 색깔이 마음에 들었던지 아들 녀석이 한참을 차고 다녔었거든요. 발목도 부어서 절뚝거리는 모양새가 화가 단단히 난 것 같았습니다. 맞장구를 치며 장단을 맞춰 주니 아이는 기분이 조금 풀리는 모양입니다. 승부욕이 강했던 아들은 골인 직전에 공을 놓친 것과 게임에 졌다는 사실, 무시당한 것 같은 찜찜하고 화난 기분들 때문에 잊을 만 하면 그 친구 얘기를 하곤 했습니다.

사실 제가 처음부터 아이 편을 잘 들어주는 엄마였던 건 아 니었습니다. 새치기하는 친구 때문에 짜증을 내는 아들에게 "그 럴 수도 있지, 그 친구는 몸이 좀 불편했다면서, 양보할 수도 있 는 거지." 선생님에게 꾸지람을 듣고 온 아들에게는 "같은 선생 님 입장에서 보면 그 선생님도 그럴 수밖에 없었겠다. 다음부터 는 선생님께 그렇게 행동하지 마."라며 나름 합리적인 조언을 했다고 생각했지요. 실상은 아이의 감정을 읽어 주지 못하는 매 정하고 무지한 엄마였답니다.

어느 날부턴가 아이의 입이 무거워지기 시작하더군요. '친 구가 어쨌다, 선생님이 저랬다. 학교에서 뭘 했다'라며 기분 내 키는 날이면 한참을 쫑알대던 입을 닫아 버렸습니다. 묻는 말에 도 시큰둥합니다. 아이 입장에서 뭔 말만 하면 야단맞고 잔소리 와 훈계를 들으니 말할 맛이 나겠습니까.

부모가 무슨 포청천처럼 이래저래 판단하고 잘잘못을 따진 다면 그건 대화가 아니겠지요. 아이가 이런저런 말을 하는 이유 는 일단 부모로부터 위안과 인정을 받고 싶어서입니다. 해결해 달라는 것이 아니거든요.

부모 입장에서 아이의 일거수일투족이 십 수 앞까지 훤히 보이더라도 잠시 한 호흡 내쉬고 일단은 아이의 편을 들어주세요. 기분도 읽어 주고, "속상했겠다, 어쩜 가장 친한 친구라면서 너한테 그렇게 할 수 있니? 진짜 엄마라면 다시는 같이 안 놀 것 같아. 완전 짜증 날 것 같은데?"라며 장단도 맞춰 주세요. 그리고 아이의 기분이 진정되면 그때 엄마의 생각을 말하세요. "엄마도 네 나이 때 그런 일이 있어서 네 마음이 이해가 돼. 살면서 비슷한 일을 많이 겪기도 해서 지금은 아무렇지도 않지만 말이야. 혹시 엄마의 도움이 필요하면 말해, 엄마가 너를 도울 수 있을 것 같은데."라며 슬슬 시동을 걸어야지요.

아이가 준비가 되었다면 질문을 해 보세요. "다음번에 그런 일이 또 생기면 그때는 어떻게 하고 싶니? 너가 가장 속상했던 건 뭐야? 너가 바라는 건 뭐였어? 엄마가 뭘 도와주면 좋겠니? 너가 조금 더 현명하다면 어떻게 했을 것 같아? 선생님은 너에게 뭐라고 했을 것 같니?"

한동안 붉으락푸르락하던 둘째 아들도 다음번에 같은 일이 생기면 그땐 쫓아가서 사과를 꼭 받아낼 거라고 합니다. "사과하지 않으면 어떻게 할 거야?"라고 물으니 싸움은 안 될 것 같은지 자기가 운동을 더 열심히 해서 체격을 키우겠다더군요. 결국에 해답은 아이들 자신에게 있는 것 같습니다. 부모는 아이들에게 충격은 완화하되, 더 멀리 도약할 수 있게 해 주는 스프링보드의 역할이면 충분할 것 같습니다.

그저 솔직해져라

　교사로 오랜 시간 근무하면서 아이들과 친해지기 위해 터득한 나름의 비법이라면 '솔직해지기'입니다. 만약 제가 개인적인 문제로 기분이 엉망이 된 채 수업에 임한다면 어떻게 될까요. 영문도 모른 채 아이들은 한 시간 내내 불편한 감정으로 수업을 듣게 될지도 모릅니다. 그런 일이 생기면 "얘들아, 선생님이 개인적으로 매우 슬픈 일이 있었어. 이런 마음으로 수업을 할 수밖에 없어 미안하지만, 너희들에게 가급적 피해를 주고 싶지는 않아. 대신 다른 날보다 좀 더 선생님의 상황을 이해하고 조용히 집중해 주었으면 좋겠어."라고 말합니다. 정말 신기하리만치 아이들은 선생님의 상황을 배려해 줍니다. 심지어 눈치 없이 까부는 친구들도 협조적으로 변한답니다.

　부모들 역시 마찬가지입니다. 직장에 어려움이 있을 수도

6장. 아이에게 하는 모든 말들

있고, 부부간 갈등으로 다소 불안한 상황에 처할 수도 있습니다. 게다가 가족 중 누군가가 갑자기 위중한 상태라면 온 마음을 다해 양육하기 쉽지 않을 테지요.

어른들은 가끔 아이들이 뭘 알까 싶어 두루뭉술하게 넘어가려 하거나, 가정의 어려움을 내색하지 않으려고 애쓰곤 합니다. 그런데 아이들은 이미 다 느낌으로 감지하고 있습니다. '우리 집에 지금 무슨 일이 벌어지고 있구나, 엄마의 기분이 매우 안 좋구나, 아빠 회사에 어떤 안 좋은 일이 생긴 것 같다, 엄마 아빠 사이가 지금 좋지 않구나.' 등등 말로 표현하지 않을 뿐 동물적인 직감으로 상황을 알아차립니다.

만약 그러한 상태라면 아이들에게 솔직하게 양해를 구해야 합니다. 예를 들어 가정 경제가 갑자기 어려운 상황에 처하게 되었다면 '형편이 어려워졌다, 주말에도 일에 집중해야 하는 상황이다, 학원을 못 다니게 될 수도 있다. 하지만 잘 해결될 테니 조금만 믿고 기다려 달라'고 말입니다.

아이들이 이해하기 어려운 건 없습니다. 그건 어른들의 생각일 뿐이지요. '이건 이렇고 저건 저래서 지금 이렇고, 엄마의 마음은 이렇다'라고 말하면 아이들은 찰떡같이 알아듣습니다. 궁금한 게 있다면 질문을 하겠죠. 그 질문에 충실하고 솔직하게, 그리고 진지하게 말해 주면 됩니다. 아이들이 비뚤어지고, 엇나가는 건 배신감 때문일 가능성이 큽니다.

주말에 함께 영화를 보러 가기로 해 놓고 말도 없이 회사에 출근해 버린다거나, 용돈을 관리해 준다면서 아이들 돈을 허락도 구하지 않고 마음대로 써 버린다든지, '이번에 백 점 받으면 게임기 사 줄게'라고 해서 열심히 공부했는데 한 개 틀렸다고 오히려 더 혼나는 경우, 아니면 아빠와 사이가 좋지 않은 엄마가 어느 날 갑자기 말도 없이 사라지는 등의 일이 생기면 아이들은 어른들을 신뢰할 수도, 이해할 수도 없게 되겠지요.

하지만 솔직함이 너무 과해져 아이들에게 부담감을 주는 것과는 구분해야 합니다. 소현 씨는 아버지와 사이가 좋지 않아 결국 이혼을 하게 된 엄마, 여동생과 함께 성장기를 보냈어요. 어디 하소연할 데 없는 엄마는 맏딸인 소현 씨에게 걸핏하면 남편 흉을 보거나 시시콜콜 어려움을 토로했지요. 어린 나이였지만 소현 씨가 짊어질 가족의 무게는 너무나 컸겠지요. 결혼을 하고 자기 가정이 생겼지만, 여전히 엄마와 여동생은 소현 씨에게 부담스러운 존재입니다. 어떻게든 돈을 벌어야 된다는 생각이 소현 씨의 마음을 여전히 복잡하고 불편하게 하는 거죠.

솔직함이란 있는 사실에 솔직하라는 겁니다. 벌어지지도

않을 불안이나 걱정, 부모의 감정적인 혼란, 지속적인 신세 한탄이나 무력감을 호소하라는 말이 아닙니다. 아이들도 다 보이는 뻔한 상황을 회피하려고 둘러대거나 거짓으로 일관한다면 차라리 솔직한 것이 낫다는 뜻이지요. 그리고 부모가 자신들의 삶에 최선을 다하는 모습들을 보면서 아이들도 '힘든 상황에서도 노력하는 엄마 아빠에게 나도 잘하는 모습을 보여야겠다'라는 마음을 먹게 됩니다. 어떤 상황에서라도 솔직해지는 건 용기가 필요한 일입니다. 용기 있는 부모의 모습을 보며 자라는 아이들이라면 어떤 어려움도 꿋꿋하게 헤쳐 나가지 않을까요.

"엄마는 의지할 사람이 아니라
의지할 필요가 없게끔 만들어 주는
사람이다."

도로시 C. 피셔(Dorothy C. Fisher)

우선순위를 재배치하고,

포기할 건 과감히 포기하고, 위임할 수 있는 건

위임하고, 부탁할 건 부탁해서 하루의 루틴을

가볍게 만들어 보세요. '해야 할 일'들이

재배치되고 나면 그 속에 느림의 공간이

생깁니다. 그 공간으로 아이를 초대하세요.

7장

아이와 함께하는
엄마의 동행

아이와 즐거운 댄스를

일본의 유명한 코치 에노모토 히데다카는 코칭 철학을 "누구나 무한한 가능성과 잠재력이 있다, 문제의 해답은 그 사람의 내부에 이미 있다."라고 정의했습니다. 그러니 코치는 답을 주려고 굳이 애쓰거나 고민할 필요가 없습니다.

대신 코칭을 하는 사람과 받는 사람은 동일한 공간과 시간 속에서 완전한 물아일체 혹은 몰입의 상태로 머물러야 합니다. 상대의 이야기를 듣고 어떤 질문을 할지 앞서 고민할 필요도 없고, 과거의 심리적 아픔이나 고통에 함몰될 필요도 없지요. 내 앞의 상대는 이미 완전하고 내면에 답을 가지고 있는 창조적인 존재입니다. 그러니 그냥 함께 춤을 추면 될 뿐입니다. 얼마나 즐겁고 행복할까요?

부모와 아이들의 관계도 그와 비슷합니다. 각자가 자연스럽게 스텝을 밟으며 생생히 삶을 즐기면 됩니다. 스텝이 꼬이거나 넘어질 수도 있겠지만 그런 실수조차도 재밌을 수 있어요. 그런데 현실에서 엄마들은 종종 그 역할을 너무 잘하려고 합니다. 아이를 위해 이유식을 직접 만들고, 기저귀를 빨고, 아이가 심심할 틈도 없이 온갖 즐겁고 좋은 경험을 주려고 노력하지요.

엄마표 영어, 엄마표 독서, 엄마표 놀이가 요즘 유행입니다. 엄마표라고 하니 엄마가 완벽한 전문가로 변모해서 아이의 시간을 스케줄링하고 공부를 가르쳐야 한다고 생각하지만, 엄마는 아이가 스스로 춤을 출 수 있도록 함께 머물러 주는 사람일 뿐입니다. 결국 아이는 엄마표라는 딱지를 떼고 어차피 스스로 공부해야 하거든요.

엄마는 아이가 할 수 있는 범위 내에서, 나의 역량과 능력 안에서 아이에게 할 수 있는 걸 해 주세요. 더 잘하려고 할 필요도 없고, 엄마의 시간과 체력을 소진하면서까지 아이를 위해 뭔가를 하지 않아도 됩니다.

엄마가 엄마의 춤을 잘 춘다는 건 말 그대로 엄마이기 이전에 한 인간으로서의 삶을 잘 살아낸다는 뜻입니다. 가정과 나의 욕망 사이에서 균형을 찾고, 조화를 이루면서 나 역시 원하는 것, 되고 싶은 것, 하고 싶은 것이 무엇인지 고민하며 성취해 나가야

7장. 아이와 함께하는 엄마의 동행

합니다. 엄마는 엄마의 삶을 재밌게 사세요. 아이가 배우고 성장하는 만큼 엄마도 계속 엄마의 삶을 완성해 나가야 합니다. 인생의 목표가 아이들의 입시가 아니라 나의 성장이 되어야 하는 것이지요.

아이 역시 춤을 잘 춘다는 건 스스로 춤을 출 수 있을 만큼의 체력과 마인드를 갖추게 된다는 뜻입니다. 그렇게 되면 자신의 삶을 스스로 계획하고 더 이상 부모에게 의존하지 않겠지요. 굴복하지도 좌절하지도 않는 도전 정신으로 주인으로서의 삶을 살아갈 겁니다.

그런데 어른들은 때때로 불안한가 봅니다. 아이들을 리드하려고 하고, 도움을 주려고 하고, 알려 주려 하니 스텝이 꼬이고 댄스가 부자연스러워지지요.

특히, 초등학생이던 아이가 중고등학생 청소년으로 변화할 시점이 되면 부모도 달라져야 합니다. 부모의 눈에는 여전히 '아기'로 보이겠지만 그 아기의 몸과 마음은 격동과 변혁의 시기 한가운데에 서 있답니다. 그걸 그냥 인정해 주세요. 부모의 눈에는 여전히 어설프고 불안하겠지만 아이는 성인으로 가는 어느 언저리에서 자기만의 춤을 출 준비를 하고 있을 테니까요.

"쉘 위 댄스?"

종합선물세트 같은 아이들

제가 어렸을 때 종합선물세트라는 게 있었어요. 커다란 상자에 여러 가지 종류의 과자가 잔뜩 들어 있었지요. 가끔 놀러 오시는 아빠 친구분들이 사 주시곤 했는데 그걸 받으면 동생이랑 며칠씩 아껴 먹으며 행복했던 기억이 납니다.

요즘 레트로 열풍이 불면서 추억의 과자 상자가 다시 유행이라고 하지요. 저도 얼마 전 밸런타인데이에 비슷한 초콜릿 상자를 받고 얼마나 기분이 좋던지요. 아이들도 어른들에게는 종합선물세트 같다는 생각이 듭니다. 태어나 준 것 자체가 기쁨이기도 하고, 자라면서 선사하는 자잘한 선물들이 부모의 마음을 행복하게 하거든요.

초등학교 입학식을 하면 부모가 아이들보다 더 긴장하고 설레어 합니다. 얼마나 대견하고 자랑스러울까요. 연신 아이와 눈을 마주치며 어깨를 들썩입니다. 카메라를 눌러 대는 부모들 눈에는 아마 자기 아이만 유난히 도드라져 보이겠지요? 그렇게 매순간 부모들은 아이의 웃음을 쫓으며, 경이로운 첫 경험을 함께 하게 됩니다.

핸드폰 앨범에 쌓여 가는 사진만큼 아이들이 주는 선물도 다채롭고 풍성해집니다. 진짜 말 그대로 선물입니다. 그걸로 만족해야지 더 달라고 보채도 안 되고, 비용을 청구해서도 안 됩니다. 간혹 어떤 부모들은 "내가 너를 얼마나 고생해서 키웠는데, 나한테 이럴 수 있냐?", "없는 형편에 정말 힘들게 키웠는데, 부모 마음을 이렇게 몰라줄 수 있냐"며 억울함을 호소합니다. 하지만 부모는 자식에게 빚쟁이가 빚 독촉하듯 해서는 안되겠지요. 아무 댓가없이 키우는 것이 내리사랑이기도하고요. 아이들이 부모를 선택해서 태어난 것이 아닙니다. 부모의 선택에 의해 아이들은 그저 선물로 온 것 뿐이니까요.

선물을 받았으면 그걸로 족해야 합니다. 아이가 처음으로 방긋 웃었을 때, 엄마라고 불러 주었을 때, 아빠를 부르며 달려와 안길 때, 아이한테서 나는 달콤한 젖 냄새로 마음이 설렜던 때, 아이가 처음으로 상장을 받아오던 날, 그 모든 벅찬 기억들로 만족하셨으면 좋겠어요. 이제껏 살아오면서 그 이상의 선물을 받지는 못했을 겁니다. 저 역시도 그랬고요. 다행스러운 건 아직 뜯어 보지도 못한 선물꾸러미가 한가득 남아 있다는 사실입니다. 아이들이 결혼하고, 그들을 닮은 어여쁜 아기를 낳고, 함께 나이 들어 가는 상상만으로 이미 선물을 받은 것 같네요.

둥지를 날아간 새는 그리워 말자

사춘기가 되면 아이들은 자기만의 세계가 확고해지기 시작합니다. 더 이상 엄마 아빠 말에 순종하지 않고, 말대꾸도 늘어가지요. 부모님과 함께했던 시간은 친구들과의 만남과 놀이로 대체되고요. 개성도 점점 강해지고, 좋아하는 것과 싫어하는 것의 기준도 명확해집니다. 스스로 날기 위해 힘을 비축하고 있는 시기라고 볼 수 있습니다. 부모는 그때까지 안전한 둥지 역할을 해주어야겠지요.

유대인들이 대표적인 케이스인데요, 아이가 13살이 되면 바르 미츠바(Bar Mitzvah)라는 성인식을 열어 준다고 합니다. 성인식에서 아이는 가족들 앞에서 퍼블릭 스피치를 하게 되고, 선물로 수만 불의 현금을 받습니다. 1년 동안 스피치 준비를 하며 능숙하게 말하는 훈련이 저절로 될 뿐 아니라, 종잣돈으로 주식과 채권을 사면서 경제 공부도 덤으로 하게 되는 것이죠.

성인식 전까지 부모는 아이와 모든 것을 함께합니다. 특히 아무리 바쁘고 시간 내기 어려워도 저녁 식사는 꼭 함께 먹는다는군요. 단순히 밥을 먹는다는 것 이상의 의미를 지니기 때문이에요. 여러 가지 이슈에 대해 토론하기도 하고, 부모가 질문을 하면 아이는 자기 생각을 말합니다. 그 과정에서 아이는 자신의 정체성을 다듬고, 세상을 보는 안목을 키우게 되지요. 이렇게 아이가 세상을 헤쳐 나갈 힘을 기르는 동안 온 가족이 함께 아이를 훈육하고 돌보는 것입니다.

하지만 미츠바 이후에는 아이가 스스로 선택하고 책임집니다. 대학에 가든, 결혼을 하든, 어떤 투자를 하든 부모는 멘토 이상의 역할은 하지 않습니다. 그럼에도 불구하고 거대 자본의 숨은 세력으로 세계 경제를 쥐락펴락하는 이들은 대부분이 유대인입니다. 유년기 안정된 가정에서 받은 부모의 관심과 사랑이 그들에게는 그 무엇보다 값진 경험이 되었던 것이지요.

유대인들은 아이들을 하느님이 보낸 선물로 생각한다고 합니다. 자신들에게 맡겨진 선물을 잘 돌본 후 다시 하느님께 돌려보낸다는 것입니다. 자녀를 소유물로 생각하지 않으니 건강한 경계를 유지할 수 있겠지요.

아빠도 아빠의 삶이 있습니다. 엄마도 엄마가 꿈꾸던 인생이 있고요. 아이들도 나름의 미래가 있습니다. 자녀가 성인이 되면 부모는 부모의 삶을 살아야 하고, 자녀도 마찬가지로 낳아주고 길러 준 부모에게 감사하는 마음을 갖되 '나'로서 먼저 서는 연습을 해야 합니다.

몸집도 생각도 커져 버린 아이들에게 둥지는 너무나 작게 느껴질 거예요. 부모도 둥지가 더 이상 필요치 않은 자녀들을 가벼운 마음으로 놓아주세요. 아이가 더 넓은 세상에서 마음껏 경험하고 배울 수 있도록 보내 주어야지요. 각자의 경계를 지키면서 자기 삶을 주체적으로 살아갈 때 가족도 건강한 관계 맺기에 성공할 수 있답니다.

아이가 할 때까지 기다려 주기

큰아이가 돌 무렵 걷기 시작하면서부터 신발 때문에 실랑이를 벌이곤 했습니다. 엄마가 신겨 주는 게 싫었던 거지요. 몇 초면 휘리릭 신고 나갈 일을, 굼뜬 아이를 기다리느라 정말 복장 터질 노릇이었습니다. 신발뿐만이 아니었지요, 밥 먹는 것도 옷 입는 것도 모두 자기가 하겠다고 고집을 부리니 외출 준비에 정말 긴 시간이 걸렸습니다.

만약 그 상황에서 제가 참지 못하고 대신했다면 어떻게 되었을까요? 시간은 빨리 줄일 수도 있었을 거예요. 아이가 밥 먹고 난 뒤 어질러진 식탁 청소도 할 필요가 없었을 테고, 아이도 원하는 걸 쉽게 달성할 수 있었겠지요.

하지만 언제까지 엄마가 모든 걸 다 해 줄 수는 없는 노릇입니다. 아이 역시 늦더라도 스스로 성취해 내는 경험을 통해

'할 수 있다'는 자신감이 길러집니다. 당장은 먼 길을 돌아가는 것 같아도 아이 스스로 할 수 있도록 기다려 주는 것이 장기적으로는 모두에게 유익합니다.

그런데 요즘 엄마들을 보면 가끔 조급하다는 생각이 듭니다. 배고프면 알아서 먹을 텐데, 안 먹으면 애가 쓰여 쫓아다니면서 먹입니다. 아이가 징징거리거나 떼쓰면 무슨 큰일이라도 생길까 봐 얼른 달려가 대신 해결해 줍니다.

하교 지도를 하다 보면 아이를 만나자마자 가방을 대신 들어 주며, 알림장을 꺼내 숙제와 준비물을 챙기는 엄마들을 보곤 합니다. 가까운 지인들도 아이들 하교 이후에는 뒤치닥꺼리 하느라 정작 본인 끼니는 놓칠 때가 많다는군요. 학원 시간에 맞춰 밥 챙겨 주고 학원 픽업하고 숙제 봐주다 보면 훌쩍 자정을 넘긴다네요. 그러다 보면 엄마 역시 녹초가 될 수밖에 없습니다.

극단적인 경우, 어떤 아이는 하교 이후 제 손으로 하는 건 아무것도 없습니다. 엄마는 유능한 비서처럼 아이를 모시는 상황이 되어 버립니다. 엄마에게 아이와의 관계가 재밌고 편안할 리가 없죠. 상관 한 명을 밀착 수행하는 것과 마찬가지인데 얼마나 힘들까요. 그러니 엄마들은 애 키우는 게 너무 힘들다고들 합니다. 안 힘들 수가 없는 상황인걸요.

아이가 할 수 있는 건 스스로 하게끔 해 주세요. 학교에서 돌아오면 신발을 가지런히 정리하고, 더러워진 옷은 빨래통에 넣고, 자기 방 청소나 책가방 싸는 것 정도는 아이에게 맡겨 두세요. 가족의 일원으로서 자기 역할을 잘 해내는 아이가 학교에서도 친구들과 선생님에게 꼭 필요한 사람이 될 수 있어요.

제가 1학년을 맡았을 때, 엄마들에게 집에서 꼭 신경 써서 지도해 달라 당부했던 것도 정말 사소한 것들이었어요. 물통을 여는 법, 요구르트 뚜껑 따는 법, 화장실에서 볼일 보고 스스로 변을 닦는 것, 약을 물과 함께 스스로 삼킬 수 있도록 하는 것, 가방을 가방 고리에 제대로 걸 수 있도록 하는 것, 코트를 벗어 옷걸이에 거는 법 등등 말이지요.

한글을 떼고, 구구단을 미리 외우고, 책을 아무리 많이 읽어도 함께 더불어 생활하는 공간에서 자기 것을 챙기지 못하고, 스스로 해내지 못하면 생활하기가 어렵습니다. 선생님이 스무 명, 서른 명 되는 아이들을 한 명처럼 돌볼 수도 없는 노릇이고요.

엄마는 아이의 비서가 되면 안 됩니다. 가정을 책임지고 끌어가는 사람이 엄마와 아빠잖아요. 기업에 비유하자면 대표이사로 볼 수 있습니다. 대표가 직원의 비위를 맞추고, 눈치를 보고, 사정하면 회사가 잘 굴러가겠습니까? 명령도 하고, 지시도 하고, 가끔 회유도 하면서 노련하게 대해야 직원도 해서는 안 되는 게 뭔지, 내가 조직에서 필요한 사람이 되기 위해 무엇을 해야 되는지 알고 충성하게 됩니다.

앞으로는 아이 스스로 가방을 메고 다니도록 하세요. 요즘은 학교 사물함에 모든 걸 두고 다니기 때문에 가방이 무거울 일은 없을 거예요. 만약 학원에 바로 가야 해서 가방이 무겁다면 학원 가방을 따로 만들어서 그것만 들어 주세요. 알림장 내용을 함께 확인하고 아이가 스스로 숙제와 준비물을 챙길 수 있도록 습관을 만들어 주세요. 자기 전에 연필을 깎아 필통에 넣어 두고, 일어난 후에 스스로 침구를 정리하도록 하세요. 학원이 아주 멀지 않다면 중학년 정도가 되면 스스로 버스를 타고 다니게 하세요. 부모가 판단해 보고 아이 스스로 할 수 있다고 여겨진다면 아이가 할 일을 더 이상 부모가 책임지지 않아야 합니다.

처음부터 잘할 수도 없고, 한두 번 해 봤다고 능숙해지지 않을 거예요. 하지만 그런 시행착오를 거치면서 아이도 아이 나름의 요령이 생기고, 그게 습관이 되는 것이지요. 아이가 할 수 있을 때까지 기다려 주세요. 못한다고, 힘들어 보인다고, 징징거린다고 아이에게 끌려가고 맞춰 주어서는 안 됩니다. 가정의 대표이사는 엄마와 아빠랍니다. 대표의 자격으로 엄마 아빠가 해야 할 가장 중요한 일은 행복한 부모가 되는 것이고요. 아이가 그걸 보며 자란다면 행복한 아이가 되겠지요. 그것이 행복한 육아의 핵심임을 잊지 마세요.

부모를 이기는 경험이 중요하다

기다려 주는 것 외에 져 주기 기술도 필요합니다. 정확히는 일부러 져 주는 건데 절대 티가 나서는 안 됩니다. 저 같은 경우는 기다림보다 져주는 게 더 어려웠어요. 아이들이 어렸을 때 루미큐브나 부루마블과 같은 보드게임을 자주 했었는데 저도 모르게 승부욕이 발동하곤 했거든요. 부득부득 아이를 이겨 보겠다고 독을 바짝 세웠어요.

그러다 어느 순간 알게 되었어요. 아이들이 부모를 이길 수 없다고 좌절하는 순간 의욕을 잃는다는 걸 말이지요. 10전 무패를 이어 가면서 저는 승리에 도취됐지만, 아이들은 점점 흥미와 재미를 잃어 가고 있었습니다. 더불어 제가 아이들의 자신감마저 뭉개고 있었던 거지요.

번뜩 깨닫고 나서는 아이들에게 일부러 슬쩍슬쩍 져 주기 시작했습니다. 실력 차가 확연했던 막내는 번번이 질 수밖에 없었는데 어느 날 형과 엄마를 모두 이겼지 뭐에요. 뛸 듯이 기뻐하던 아이의 모습과 생기 있게 반짝이던 눈빛을 잊을 수가 없습니다.

아이들과 무언가를 할 때, 이기려는 마음을 내려놓아 보세요. 일단 체급이 맞지를 않습니다. 아이들이 실력이나 체력이 비슷해지는 날이 온다면, 그땐 부모가 아닌 친구들과 놀고 싶어 하지 않을까요. 형제자매나 부모를 이기는 경험을 통해 '할 수 있다'라는 자신감을 느끼게 해 주세요. 가족이라는 울타리 속에서 안전하게 성공 경험을 축적하게 된 아이는 용기 있게 세상을 경험할 수 있는 배짱이 생기겠지요.

아이에게 무엇을 기대하는가

제가 코칭을 했던 호윤 씨는 성장기 문제로 대학생이 되어서도 어려움을 겪었던 친구였습니다. 부모님 모두 의사였고, 형과 누나 역시 모두 의대를 졸업했으니 흔히 금수저라고 불릴 만했지요. 하지만 호윤 씨는 의사가 되기에는 성향도 맞지 않았고 성적도 충분치 못했습니다. 처음에는 부모의 기대에 부응하려고 노력했겠지요. 하지만 갑갑하고 무거운 현실, 부모의 높은 기대는 그를 점점 더 무기력하게 만들었습니다. 아무리 노력해도 부모의 높은 기대는 절대 만족시킬 수가 없었으니까요. 결국 그는 중학교에 진학하면서 자포자기 심정으로 공부를 놓아버렸고 학교에서 끊임없이 사고를 일으키기 시작했습니다. 그러곤 좌절과 패배감으로 스스로를 외부와 고립시켜 버렸지요.

대부분 아이들은 처음엔 부모의 기대를 만족시키기 위해

노력합니다. 존재하지 않는 '완벽'의 신기루를 좇아 불나방처럼 끊임없이 자기 자신을 갈아 넣습니다. 하지만 부모의 손에 아무리 완벽한 성적표를 쥐여 준들, 완벽주의자 부모는 또 다른 요구를 할 가능성이 큽니다. 결국 아이에게 남는 건 자기학대와 깊은 불안뿐이지요.

"아이들에게 무엇을 기대하고 계신가요?"라고 묻고 싶습니다. 아이의 행복과 건강, 웃음, 편안함, 재미를 기대한다고 답하기보다는 아이의 성적, 리더십, 완벽한 학교생활, 교우관계, 대학 진학에 대한 기대가 클 거예요. 하지만 그건 기대라기보다는 부모의 욕심일 가능성이 큽니다.

부모의 지나친 기대와 욕심은 아이를 결국 병들게 합니다. 있는 그대로의 자기 모습이 부모로부터 부정당하는 모습을 상상해 보세요. 아이는 얼마나 아프고 힘이 들까요. 부모의 자랑스러운 아들, 딸이 되기 위해 어깨에 힘을 잔뜩 주고 살아야 하니 얼마나 긴장되고 불안할까요. 부모의 기대에 부응하기 위해 아이들이 원하지 않은 걸 억지로 하게 된다면 사는 게 재미없고 힘들 거예요. 도저히 자기가 할 수 없다고 느끼게 되면 아이들은 삶을 놓아버리고 아무 의욕도 없이 살게 됩니다.

많은 부모가 아이들의 마음에 병이 깊어지고 나서야 상담이나 정신과 치료를 받기 시작합니다. 그리고 때늦은 후회를 합니다. 학교에 다녀 주는 것만으로도, 가족과 한 상에서 밥을 먹는 것만으로도, 친구랑 놀겠다고 떼를 부리고, 신상 핸드폰을 사 달라고 졸라대던 것까지. 그 모든 게 되돌아보니 감사할 일이었다고 말입니다.

아이에 대한 과한 기대와 집착, 과도한 요구가 과연 누구를 위한 것인지 생각해 보세요. 만약 아이를 위한 것이 아니라면 내려놓아야 합니다. 어린아이들에게 '입시'나 '대학'은 아직 오지 않을 미래이자, 전혀 체감되지 않는 비현실적인 이슈입니다. 현재 아이와 경험할 수 있는 것에 좀 더 관심을 가져 보면 어떨까요.

맛있는 음식을 함께 만들어 먹고, 느긋한 주말 오후 재밌는 영화 한 편을 보는 것도 괜찮겠지요. 함께 즐겁고 재밌는 걸 해 보세요. 아이의 속도에 맞춰 부모의 보폭을 좀 더 늦추고, 아이의 눈높이에 맞게 내 기대를 낮추다 보면 지금 이 순간 함께할 수 있고, 누릴 수 있는 것이 엄청 많다는 걸 알게 될 거예요.

무한한 가능성의 열쇠, 자기 암시

「닥터 스트레인지」는 제가 여러 번 보았던 영화이기도 하고 지금도 최애 영화 중의 하나입니다. 주인공 닥터 스트레인지(베네딕트 컴버배치)에게 스승인 에인션트 원(틸다 스윈튼)이 묻습니다. 인상 깊게 남아 있는 장면이지요.

"넌 작은 틈새로 세상을 보면서
더 많은 걸 보고 배우려고 평생을 발버둥 쳐 왔지.
근데 네가 상상도 못한 방법을 통해
그 틈새를 넓힐 수 있다는 걸 믿지 않는군."

닥터 스트레인지는 처음에는 믿지 못합니다. 자신이 기존에 알고 있던 방식, 즉 작은 틈새로 본 세상이 전부라고 믿기 때

7장. 아이와 함께하는 엄마의 동행

문입니다. 틈의 경계가 사라지게 되자, 그제야 자신 안의 진정한 힘을 자각하게 됩니다. 닥터에서 매지션이 되는 순간이지요. 틈은 경주마의 차안대와 같습니다. 내 앞에 있는 것만이 진실이고 사실이라 생각하는 것이지요. 우물 속의 물고기는 자기가 보는 물속이 이 세상의 전부라고 생각하겠지만, 실제 세상의 아주 작은 일부인 것처럼 말입니다.

세상은 가능성으로 가득 차 있습니다. 그 가능성의 영역에서 '선택하는 건 무엇이든 될 수 있고, 할 수 있다'라고 믿는 건 매우 중요합니다. 하지만 대부분은 보고 들은 것, 자기가 아는 것만이 전부라고 생각하지요.

가능성의 바다에서 내가 무언가가 되기로 작정했다고 해서 타인의 동의를 구할 필요는 없습니다. 내 삶은 내가 창조할 권리가 있으니까요. 믿건, 믿지 않건 개인의 의지에 달린 일입니다. 하지만 믿음의 크기만큼, 내가 세상을 보는 그 틈새만큼 세상은 내가 보고자 하는 것을 보여 주겠지요?

드문 케이스지만 하위권에서 어느 날 갑자기 상위권으로 가파르게 성적이 올라 원하는 대학에 갔다거나, 남들 앞에서 발표도 못 할 정도로 내성적인 아이였는데 반장을 하고 나서 완전히 다른 아이로 변모해 전교 회장까지 한다거나, 열정이라고는 눈곱만큼도 없던 친구가 갑자기 디자인에 꽂혀 자발적으로 외국 유학을 간 친구들이 종종 있습니다. 아마 그들이야말로 작고 작은 틈이 아니라 더 넓은 가능성을 믿고 기적을 일으킨 친구들이 아닌가 합니다.

세계적인 수영 선수 마이클 펠프스 역시 비슷합니다. 그는 어렸을 때 몹시 산만한 아이였다고 합니다. 부모는 에너지 넘치는 아들에게 끈기를 길러주기 위해 수영을 가르칩니다. 코치는 유난히 팔다리가 길고 호흡량이 뛰어난 펠프스의 재능을 한눈에 알아보지요. 하지만 감정 기복이 심해 꾸준한 성적을 내기 어려웠다고 하네요. 감독이 고안한 방법은 잠자기 전, 일어난 후 하루 두 번 자기암시를 하는 것이었어요. 매일 착오 없이, 훌륭하게 대회를 마치는 모습을 그리게 했던 것입니다.

마이클 펠프스는 첫 올림픽에 참가해 수경에 물이 차는 예상치 못한 상황에서도 침착하게 매일 떠올렸던 시나리오대로 금메달을 따냅니다. 미래에 벌어질 당연한 일을 그저 했을 뿐인 거죠. 마이클 펠프스가 아무리 뛰어난 재능을 타고났더라도 자신의 힘을 믿지 않았다면 지금처럼 훌륭한 선수가 되지 못했을 거예요.

그럼에도 불구하고 우리는 우리 자신을 믿기도 어렵고, 아이의 가능성을 보기도 힘듭니다. 아이의 부족하고 못난 부분을 보면 노파심에 자꾸 잔소리하고 단점을 지적하게 되지요. 아이의 미래에 펼쳐질 다양한 가능성의 세계를 믿는 대신에 부모의 제한된 경험을 아이에게 주입하기 쉽습니다.

미래는 잘 보이지 않습니다. 손에 잡히지도 않고 느껴지지도 않아요. 가능성의 영역 또한 마찬가지입니다. "내가 그걸 할 수 있다고? 내가 그렇게 된다고?"라며 반문합니다. 그곳에서 내가 어떤 가능성을 보고, 어떤 선택을 하는지에 따라 미래는 확장되고 변하겠지만, '나는 그럴 수 없어, 나는 능력이 안 돼, 우리 집은 가난해, 나는 머리가 좋지 않아서.'라는 변명으로 일관한다면 달라질 건 아무것도 없습니다.

인생은 원래 예측 불가능한 변수로 가득 찬 곳입니다. 가능성도 마찬가지입니다. 누구에게나 열려 있지요. 가능성의 틈새는 자기 자신에 대한 믿음으로 확장된다는 것, 그리고 틈새를 벌리기 위해서는 자기암시가 효과적인 도구라는 것과 벌린 틈새만큼 기회와 선택의 폭이 넓어진다는 것을 기억하세요.

어둠이 짙을수록 아름답다

　최근에 본 가장 감동적인 영화를 꼽으라면 「더 웨일」입니다. 영화 「미이라」 시리즈의 주인공이었던 늘씬하고 용맹한, 잘생긴 남자는 그 어디에서도 흔적을 찾을 수 없었지만, 브렌든 프레이저의 연기는 정말 일품이었습니다. 272kg의 거구를 표현하기 위해 특수분장을 했음에도 수많은 감정의 회한을 표정만으로도 너무나 섬세하게 표현했더군요.

　사실 「더 웨일」 속의 브렌든 프레이저는 제가 알던 브렌든 프레이저의 모습이 아니었습니다. 처음에 '저 배우는 누구지?'라고 생각했으니까요. 근육질 몸매에서 늙고 둔한 몸으로 바뀌었으니 알아보기 힘든 건 당연했습니다. 찐한 인생 연기를 펼친 그에게 대체 어떤 일이 있었던 걸까요? 왜 브래드 피트나 톰 크루즈, 조지 클루니처럼 섹시하고 멋진 할리우드 배우로 남지 못

했을까요? 인터넷 검색을 해 보니, 영화계 주요 인사에게 당한 성추행으로 생긴 대인기피증, 각종 수술로 인한 우울증, 거기다 이혼까지. 그와 관련된 안 좋은 기사들을 쉽게 찾을 수 있었습니다.

그런데 아이러니하게도 그런 그의 망가진 모습이 「더 웨일」의 주인공을 찾지 못해 제작을 미루던 감독 대런 애로노프스키의 눈에 들게 됩니다. 만약 그가 인생의 저점에서 고통을 겪지 않았다면 감독의 눈에 띌 리도 없었을 테고, 내면에서 끌어올린 섬세한 연기를 펼칠 수도 없었을 거예요.

극적인 그의 삶을 보면서 인생은 살아 볼 만한 가치가 있다는 생각이 들었습니다. 만약 그가 「미이라」 이후 승승장구만 했다면, 지금의 그를 볼 수 있었을까요? 내리 성공만 했다면 사람들의 마음을 울리는 깊은 감동을 주는 일은 없었을 거예요. 실패와 좌절, 패배로 점철되어 있음에도 불구하고 삶을 포기하지 않았기 때문에 주목받는 것이지요.

우리네 인생도 소설의 발단, 전개, 위기, 절정, 결말처럼 드라마틱하게 전개됩니다. 평온할 때도 있고, 격랑에 휘말릴 때도, 고요할 때도 있지요. 정해진 인생 스토리가 있을까요? 아무것도 알 수 없으니 더 재밌는 게 아닐까요? 이미 자기 인생을 다 알고 있다면 굳이 되풀이할 이유가 없겠지요.

오히려 브렌든 프레이저처럼 인생의 저점을 찍은 뒤 더 화려하게 비상하는 경우가 많습니다. 제가 좋아하는 장영희 교수도 암 투병을 하면서 『살아온 기적 살아갈 기적』을 썼고, 교통사고로 심각한 화상을 입은 이지선 씨는 여러 차례의 수술을 견디고 마침내 모교에서 사회복지를 가르치는 교수가 되었습니다. 저의 롤 모델인 배우 오드리 햅번은 전쟁 후유증과 연이은 이혼으로 고통을 겪었지만, 말년의 대부분은 유니세프에 헌신하며 진짜 아름다움이 무엇인지 온몸으로 보여 주었지요. 어둠이 짙을수록 삶은 더 아름답게 숙성되고 내밀해지는 것 같아요.

"과거는 내가 현재를 감사할 수 있도록 도와주었어요. 그리고 나는 미래에 대한 불안으로 현재를 망가뜨리고 싶지 않아요."

오드리 햅번의 말입니다. 과거의 모든 경험이 현재의 나를 만듭니다. 그 경험은 다양할수록 찬란히 빛날 수 있어요. 만약 지금 내가 너무나 힘든 상황이라면 좋은 일이 오고 있는 증거라 생각하세요. 우리 아이가 연이은 좌절과 실패로 힘들어한다면, 점점 단단하게 익어가는 중이라 여기면 되고요. 그 모든 순간은 응원받아야 마땅합니다.

브렌든 프레이저의 역경이 사람들에게 더 큰 감동을 주는 것처럼 남들과 다른 나만의 이야기가 더 빛이 나는 법입니다. 유일한 이야기가 되려면 남들과 다른 경험을 해야 합니다.

타인보다 앞서기 위해 평생 애를 쓰며 살다 보면 '나만의 이야기'는 어디에서도 찾을 수가 없게 됩니다. 지금은 유일무이한 이야기에 사람들이 더 열광하는 시대입니다. 미래를 살아가야 할 우리 아이들에게 더 이상 1등을 강요해서는 안 되는 이유이지요. 나만의 이야기를 만들어 갈 수 있도록 아이들에게 너른 장을 만들어 주세요. 이왕이면 나만의 스토리를 쓰면서 신명 나게 살아야 하지 않겠습니까.

아이와 함께 느리게 걷기

아이가 어렸을 때 "엄마 나랑 놀아줘"라고 하면 항상 "엄마 이것만 하고, 잠깐 기다려 봐"라고 말하곤 했었지요. 막상 할 일을 다 끝내고 나면 녹초가 되어 아이들과 놀 수가 없었어요. 그때는 왜 해야만 하는 것들이 그렇게 많았을까요. 아이들이 다 크고 나니 그때 엄마와 놀고 싶어 하는 아이들에게 '기다려'라고 했던 말들이 참 후회가 되더군요.

『필링 굿(Feeling goood)』의 저자 데이비드 번스(David D. Burns)는 '~해야 한다'라는 사고는 스스로에게 완벽을 강요하고, 그러지 못할 경우 죄의식을 갖게 한다고 말합니다. '완벽주의를 지향하는 비현실적인 기대와 경직된 태도에는 우리를 파탄에 이르게 하는 여러 가지 '삶의 규칙'이 포함되어 있다.'라고 말입니다. '~해야 한다'는 생각은 삶을 매우 바쁘게 하지요. 머릿속은 해야 할 일과 오늘 끝마쳐야 할 과제들로 쉬지 않고 24시간 돌아갑니다. 그러니 아이와 해야 할 정말 중요한 것들이 뒤로 밀려나 버리고 말지요.

돌이켜보면 저에게 '해야 했던 일'들은 그다지 중요한 일들이 아니었어요. 퇴근 후 어질러진 집을 정리하고, 아이들 장난감을 정돈하고, 아이들이 먹을 반찬을 몇 개 만들어 먹이고 나면, 이미 자야 할 시간이 되어 버렸지요. 그때는 깔끔하게 살림하고, 집안을 정돈하고, 엄마가 직접 만들어 먹이는 먹거리들이 매우 중요한 일들이라고 생각했답니다. 물론 중요한 건 맞지만 우선순위는 맞지 않았던 거예요.

만약이라는 가정이 참 부질없지만, 만약 지금의 저에게 그때로 돌아가라고 한다면 집 청소도 대충 하고, 장난감도 어질러진 채 내버려 두고, 반찬도 사다 먹을 것 같아요. 굳이 그렇게 아등바등 할 이유가 없었던 거지요. 특히 맞벌이를 하고 있다면 일정 부분은 위임하거나 포기를 하는 것이 맞습니다. 그래야 엄마가 쉴 수 있는 평온의 시간이 만들어지거든요.

해야만 하는 것들을 내려놓으면 시간은 느리게 갑니다. '느림' 속에 있을 때 보이고, 들리고, 느껴지는 게 더 많아집니다. 느리게 걸을 때, 길가의 들꽃과 하늘이 보입니다. 느리게 말할 때 상대방의 감정이 느껴지지요. 느림 속에 더 많은 공간이 생깁니다. 우선순위를 재배치하고, 포기할 건 과감히 포기하고, 위임할 수 있는 건 위임하고, 부탁할 건 부탁해서 하루의 루틴을 가볍게 만들어 보세요. '해야 할 일'들이 재배치되고 나면 그 속에 느림의 공간이 생깁니다. 그 공간으로 아이를 초대하세요. 좀 더 느리게 아이와 걷고, 더 천천히 아이의 눈을 들여다보세요. 아이가 못다 한 말들이 들리기 시작할 거예요.

경험이 주는 가치

호랑이 담배 피우던 옛날 옛적 이야기 같지만 제 학창 시절을 떠올려 보면 지금과는 매우 달랐던 것 같아요. 지나다닐 틈도 없이 빼곡한 교실에서 수업 종이 울리면 선생님은 별다른 말도 없이 칠판 가득 판서를 시작합니다. 그러면 아주 고요한 가운데 모두가 노트에 옮겨 적지요. 내용을 달달 외우고 시험 보고, 못 외우면 혼나고, 또 시험 보고. 매일이 비슷했어요.

그러다 보니 수업 중의 장면보다는 친구들과 삼삼오오 모여 고무줄놀이를 하거나, 운동회 하던 날 돗자리 펴고 김밥을 먹던 일, 수업 마치고 나면 한가하게 동네 뒷동산을 맴돌며 뛰어다녔던 일이 더 생생하게 기억에 남아 있습니다.

존 듀이는 "1온스의 경험이 1톤의 이론보다 낫다."라고 말한 철학자이자 교육학자입니다. 저 역시 현장에서 24년간 아이들을 가르치다 보니 이 말에 백번 공감하게 됩니다. 아무리 이론을 정성스럽게 가르쳐도 아이들은 돌아서면 금세 잊어버립니다. 지루하고 재미없거든요. 하지만 손에 뭐라도 쥐여 주고 스스로 답을 찾게 하면 그 수업은 신이 나서 열심히 참여합니다.

가정에서도 마찬가지입니다. 아이들이 아무리 학원을 열심히 다니고, 매일 문제지를 풀고, 단어를 백 개씩 외워도 경험 1온스를 절대 넘을 수 없습니다. 아이들은 스펀지와 같아요. 근데 그 스펀지는 물을 머금고 말랑말랑해지면 더 많은 것을 흡수합니다. 딱딱한 마른 스펀지는 그 어떤 것도 빨아들이지 못합니다. 스펀지를 말랑말랑하게 만드는 게 바로 경험이지요.

주말이면 스마트폰을 들고 아이들이 각자의 방에서 나오지 않는다고요? 그렇다면 아이들과 산으로 가 보세요. 이왕이면 대중교통을 타고 낯선 거리를 걸어 보세요. 처음 가 보는 동네를 걸으면서 신기한 꽃과 나무를 보고 냄새 맡는 것이 책 속의 세밀화를 백 번 보는 것보다 훨씬 나은 공부입니다. 태블릿에서 아무리 좋은 정보를 검색한다 해도 그곳에 가서 온몸으로 체험하는 것만 못하지요.

교사로 근무하면서 월요일이 되면 학교로 돌아온 아이들에게 "주말에 뭐 했니?"라고 묻곤 했답니다. 대답은 각양각색입니다. 하루 종일 TV를 봤다는 아이들도 있고, 부모님과 캠핑을 갔다, 영화를 봤다, 친구와 파자마 파티를 했다는 등 대답이 정말 다양합니다. 특별히 기억에 남는 경험들은 느낌으로 저장됩니다. 그러니 아이들이 어디서 무엇을 했는지 자잘하게 떠올리지 못한다고 해서 섭섭해할 필요는 없습니다. 편안하고 충만한 느낌, 설레고 짜릿했던 느낌, 신나고 즐거웠던 느낌. 그 모든 느낌이 아이들의 스펀지를 말랑말랑하게 만들고 있는 중이니까요.

"인간이 입술에 올릴 수 있는
가장 아름다운 단어는 '어머니'이고
가장 아름다운 부름은 '우리 엄마'이다.
어머니라는 단어는 희망과 사랑으로
가득 차 있고 마음 깊은 곳에서 울려
나오는 달콤하고 다정한 단어이기도 하다.
어머니는 모든 것이다. 슬플 때 위로가
되어 주고, 절망했을 때 희망이 되어 주며,
약할 때 힘이 되어 준다. 어머니는
사랑, 자비, 동정, 용서의 원천이다."

칼릴 지브란(Kahlil Gibran)

아이는 엄마를 있는 그대로 비춰주는
거울입니다. 그리고 어떤 모습이든지,
엄마를 있는 그대로 사랑하지요.
어쩌면 아이는 엄마와 천국을 연결하는
진짜 수호천사인지도 모르겠네요.

8장

따로 또 함께
모두가 행복하기

기 살리는 말 '고마워, 덕분이야'

　제 친한 친구 지우는 결혼 생활 20년 차입니다. 만날 때마다 복사꽃처럼 환한 얼굴로 생글생글 웃으니 저도 따라 기분이 좋아집니다. 성격이 워낙 밝고 유쾌하니 그녀를 따르고 좋아하는 사람도 무척 많지요. 직장 생활하랴, 딸아이 케어하랴, 혼자 계신 시어머니도 챙기느라 몸이 두 개라도 모자랄 지경일 텐데 어찌 그리 환한지요.

　그녀에게는 든든한 지원군이 있습니다. 바로 남편입니다. 오랫동안 지켜본 그녀의 남편 역시 성실하고 배려심 넘치는 사람입니다. 부부가 맞춰 살다 보면 삐그덕거리기도 하고 가끔 요란한 소리가 나올 법도 하지만 그들은 그렇지 않았어요. 어쩌다 할 법한 남편 흉보는 소리도 그녀 입에서 전혀 들은 적이 없으니 참 대단하다는 생각도 듭니다.

286

그녀에게 들은 비법은 간단합니다. 남편에게 '고마워'라는 말을 자주 한다더군요. 우리는 고마운 일을 해야 '고맙다'라고 생각하곤 하지만 사실 함께 밥을 먹고, 길을 걷고, 이야기를 나누는 것 모두가 감사할 일이지요.

한 번은 그녀의 에피소드를 듣고 정말 감탄했던 적이 있습니다. 모임에서 그녀의 친구들이 '얼굴 좋아 보이네. 무슨 좋은 일이 있나 봐?'라며 칭찬을 했다더군요. 집으로 돌아간 그녀는 남편에게 있었던 일을 전하며 "당신 덕분이야, 당신이 나를 아껴 주고 사랑해 줘서 내가 얼굴이 점점 예뻐지나 봐. 고마워."라고 말했답니다. 당연히 그녀 남편 역시 기분이 좋아졌겠지요. 남편은 모임에 나가는 그녀에게 언제나 "잘 다녀와, 즐거운 시간 보내."라는 말을 한다더군요. 그녀를 더 아껴 주고 사랑해야겠다는 마음이 들었을 테니, 예전보다 더 살뜰하게 아내와 딸아이를 보살피는 것 같습니다.

오늘도 그녀는 바쁩니다. 주말이면 반찬을 가지가지 만들어 시어머니 냉장고에 넣어 주어야 하고, 아이 학원 픽업도 가야 하고, 꽃이 한창일 때는 꽃구경도 가고, 친구들 대소사도 발 벗고 나서서 챙겨 주니까요. 직장에서도 아랫사람 살뜰히 보살피며 맡은 일을 야무지게 해내고요. 그럼에도 지치지 않고 비타

민처럼 주변 사람들에게 긍정의 기운을 전해 줍니다.

아마도 남편에게 전하는 '고마워, 덕분이야'라는 말이 메아리처럼 돌아와 그녀에게 에너지를 주는 게 아닌가 싶습니다. 배우자가 하는 일이 당연하다고 생각하면 고마울 일이 생기지 않습니다. 원망하거나 미워하는 마음은 일차적으로 자신의 마음을 가장 먼저 피폐하게 만들고요. 어찌 보면 너무나 간단한 말인데 입 밖에 내기가 참 어렵지요. 언어도 습관이라 생각하며 몸에 배게 연습하다 보면 어느새 자연스럽게 흘러나올 수가 있을 거예요.

'고마워, 덕분이야'라는 말을 배우자에게 먼저 건네 보세요. 그 말을 하는 순간 배우자는 고마운 사람이 됩니다. 나는 고마워하는 사람이 되고요. 서로에게 고마운 일이 절로절로 생기는 경험을 하게 될지도 몰라요.

사랑한다면 좀 더 용기 있게

승아 씨는 교사 생활을 하던 초년 시절 지금의 남편과 결혼하면서 직장을 그만두었습니다. 시댁에서 교사 월급이 얼마 되냐며 아들 뒷바라지만을 원했기 때문입니다. 잘사는 시부모님 덕에 서울에 있는 번듯한 아파트에서 신혼을 시작한 그녀는 남들 눈에 팔자 편한 여인으로 보일지도 모릅니다. 그런데 속사정을 들여다보면 그녀에게도 말 못 할 고민이 있습니다. 아파트의 명의만 남편 이름으로 되어 있을 뿐, 실제 경제권은 시부모님이 쥐고 있고 그 핑계로 집안의 대소사에 사사건건 참견한다는 것이지요.

남편은 뭘 그런 걸 가지고 예민하게 구냐며 타박하지만 하나하나 시부모님께 의견을 구하고 보고해야 하는 게 그녀에게는 너무나 힘듭니다. 결혼 생활이 웬만한 직장보다 더 어렵게 느껴지기도 하고요. 상사처럼 까다롭게 구는 남편, 일일이 보고하고 결재받아야 하는 시부모님, 하루하루가 감옥에 갇힌 느낌인 거지요. 괜히 학교를 그만두었나 싶은 후회의 마음도 불쑥불쑥 듭니다. 어른으로서, 온전한 한 인간으로서 누려야 할 자유가 없으니 이렇게 살다가는 조만간 마음의 병이 생길지도 모르겠습니다. 승아 씨가 누리고 있는 경제적 안락과 편안함은 어찌 보면 독이 든 성배일지도요. 안정이라는 달콤함에 가려진 심리적 불안과 부자유를 감내해야만 하니까요.

아직 어린아이들은 사회적 규범을 배우기 위해 어른들의 보호와 보살핌이 필요하지만, 어른이 되었다면 그 어떤 이의 허락도 구할 필요가 없습니다. 여행을 가든, 무엇을 배우든 배우자에게 허락을 구할 어떤 이유도 없습니다. 공동생활을 영위하는 파트너라면 허락이 아니라 동의를 구해야 합니다. 필요하다면 상의라는 걸 해야지요.

허락을 구하거나, 내가 일방적으로 맞추거나 희생한다면 장기적으로 결혼 생활을 원만하게 해 나가기 힘듭니다. 상대방이 언짢고 기분 나빠한다고 내가 무조건 참고 견디는 건 땜질식 처방밖에 되지 않습니다. 원치 않는 갈등이 생기더라도 내 생각과 의견을 말하면서 끊임없이 조율하는 과정이 필요합니다.

서로 완벽히 다른 두 사람이 만나서 살아가는 과정이 처음부터 순탄하다면 그게 오히려 이상한 일이지요. 큰 소리로 다투거나 분위기를 험악하게 만들라는 말이 아닙니다. '이건 하고싶고 저건 하기 싫다, 이렇게 하는 것이 서로에게 좋은 것 같다, 내가 진짜 원하는 것은 이러하다.'라고 배우자가 알 수 있게끔 말로 표현하라는 것입니다.

그런데도 배우자가 자기 고집대로 모든 걸 통제하려고 한다면, 혹은 갈등이 점점 악화하고 있다면, 매번 허락을 구해야 하는 상황이 반복되어 내 의지대로 할 수 있는 것이 점점 사라진다면, 상황을 좀 더 객관적으로 판단하고 도움을 줄 수 있는 전문가를 만나 보시길 권합니다.

문제의 당사자가 되어 버리면 문제 자체에 함몰되어 버릴 수 있습니다. 다른 관점에서 문제를 바라보고 해결하기가 점점 어려워지거든요. 주변 지인들이나 친구들에게 토로한들 그들 역시 전문가가 아닌 이상 일시적인 위로만을 줄 뿐입니다. 어쩌면 허락을 구하는 것 이상으로 자신의 의사를 명확히 하고, 동의를 구하는 것이 더 큰 용기가 필요할지도 모르겠습니다. 하지만 용기를 내어보세요. 그만큼 자신의 삶이 한 걸음 나아간다고 느끼실 거예요.

내 힘으로 선다는 건

간혹 정리되지 않은 생각들로 머리가 복잡할 때가 있습니다. 마음이 먹먹해져 가슴이 울렁거릴 때도 있고요. 그럴 때 말없이 기댈 수 있는 든든한 어깨가 있다면 얼마나 좋을까요. 가만히 손을 마주 잡거나 위로하는 눈빛만으로도 우리는 백 마디 말보다 더 깊은 교감을 나눌 수 있거든요.

'의지하다'라는 말의 사전적 정의는 '다른 것에 마음을 기대어 도움을 받다'입니다. 뭔가 따뜻하고 든든한 느낌이지요. 하지만 마음을 나눈다는 것은 웬만한 신뢰가 바탕이 되지 않으면 쉽지 않습니다. 서로 간의 건강한 거리도 필요합니다. 내가 정말 원할 때라야 도움이 '도움'이 되는 거거든요. 더불어 일방적 도움이 아니라 쌍방향 도움이 되어야 하고요. 나도 너를 도울 수 있고, 너도 나를 도울 수 있는 그런 관계여야 하지요.

제가 코칭했던 현미 씨는 시청에서 근무하고 있습니다. 미술을 전공했지만 취업이 어렵자, 부모님의 권유로 공무원 시험을 준비했다고 합니다. 하지만 매일 짜여 있는 일상과 루틴이 갑갑하게 만들었나 봅니다. 결국 우울증약을 복용하게 되었지요. 현미 씨는 회사 생활이 자신과는 너무나 맞지 않아 그만두고 싶다고 말합니다. 출근할 생각만 하면 답답한 마음에 숨을 못 쉬겠다고도 하고요. 하지만 남편은 그만두는 것에 대해 완강하게 반대하는 입장이라 어떻게 해야 할지 몰라 고민만 하고 있었습니다.

몸도 마음도 지친 현미 씨가 기대고 있는 사람은 남편이 유일합니다. 남편은 현미 씨가 시험에 합격할 수 있도록 지켜봐 주고 응원해 준 고마운 사람이기도 하고 여전히 그녀를 아끼고 사랑하거든요. 하지만 지금은 의지가 아니라 의존하는 관계가 되어 버렸습니다. 사소한 것도 남편에게 묻고 혼자서는 아무 결정도 내리지 못하게 되었지요. 무언가를 판단하고, 그 결과를 책임지는 것이 현미 씨에게는 너무나 두려운 일이 되어 버렸습니다.

부부는 동등한 두 사람이 만나 관계를 형성하는 것입니다. 어깨를 내어 주는 사람과 기대는 사람이 정해져 있는 것이 아니지요. 힘들 때 배우자의 어깨에 기대었다면 언젠가 나도 상대방에게 어깨를 내어 줄 수 있는 사람이 되어야 하는 것입니다.

코칭을 받으면서 현미 씨는 두 사람의 관계를 좀 더 명확하게 인지하게 되었습니다. '내가 지금 힘이 없구나, 그래서 남편에게 너무 기대고 있었구나'를 말이지요. "만약 이런 상태가 지속되면 두 사람의 관계는 어떻게 될까요?"라고 물었습니다. "남편도 너무 지치고 힘들 것 같아요."

두 사람의 관계가 점차 선명히 보이기 시작하자 현미 씨는 좀 더 힘을 낸 다음에 직장 생활을 해야 할지 말아야 할지 고민하기로 했어요. 그리고 남편에게 더는 의존해서는 안 되겠다, 나도 기운을 차려서 고마운 남편에게 도움이 되는 사람이 되고 싶다는 마음을 내기 시작했지요.

누군가에게, 특히 내가 사랑하고 아끼는 사람에게 도움이 된다면 그것만큼 기쁜 일이 또 있을까요, 아이들이 힘들 때 조언을 구하고, 기대고 싶은 사람이 엄마라면 얼마나 행복할까요. 하지만 그 전에 엄마로서, 아내로서 내가 스스로를 지킬 수 있는 힘이 있어야 합니다. 만약 힘이 없다면, 그걸 인정하는 게 먼저예요. 엄마가 자신을 아끼고 돌보면서 내면의 힘을 기른다면 가정에서 그 누구보다 든든한 어깨가 될 수 있을 거예요.

잘 노는 어른

제가 아는 사람 중 제일 잘 노는 사람은 소유 씨입니다. 소유 씨는 처음 봤을 때부터 소탈함과 직설적인 화법, 꾸밈없는 감정표현 등으로 저를 사로잡았습니다.

잘 논다는 말을 절대 오해해서는 안 됩니다. 일할 때는 확실히 하지만 남는 시간은 오롯이 자기 자신에게 집중하거든요. 일과 후에는 온전히 자기만의 시간을 만들어 좋아하는 책을 읽고, 글을 씁니다. 주말에는 남편과 여행을 다니고, 짬짬이 배운 바이올린 실력은 거의 전문가 수준입니다. 일도 얼마나 야무지게 하는지, 소유 씨는 지금 자기가 하고 있는 일 외에도 유능하고 실력 있는 강사로도 활동하고 있지요.

그런 그녀를 보면 놀 시간이 없다, 지금은 너무 바빠 나중을 기약하겠다는 말들이 참으로 빈약한 자기변명 같습니다. 대부분의 사람들은 변죽만 울리느라 정말 해야 할 것들을 나중으로 미루곤 합니다. 혹은 행동은 하지 않으면서 머릿속만 하염없이 바쁘게 돌아가는 것일 수도 있고요.

논다는 것이 어찌 보면 허송세월처럼 느껴지기도 합니다. 하지만 놀 때만큼은 지금 이 순간에 완전히 몰입하게 됩니다. 놀 때는 그 어떤 것에도 한눈을 팔 수가 없습니다. 모래 놀이하는 아이들을 본 적이 있으세요? 햇볕이 아무리 따가워도 아랑곳하지 않고 완벽하게 집중합니다. 파도가 몰려와 모래성을 부수면 깔깔깔 웃으면서 허물어진 모래성을 다시 만듭니다. 결과에 상관없이 그 행위가 재밌기 때문이겠지요.

어른들에게도 놀이는 일상의 따분함과 지루함을 해소하는 탈출구가 됩니다. 재미와 즐거움을 통해 정신을 이완하고, 에너지를 재충전할 수 있습니다. 어떤 사람은 책 읽기나 명상을 통해, 또 어떤 사람은 여행이나 레저활동을 하면서 삶에 활력을 얻을 수 있겠지요. 내가 어떤 활동을 통해 재미를 얻는지 알게 되는 과정을 통해 그것이 궁극적으로 일로도 연결될 수 있습니다.

아이들처럼 어른도 잘 놀려면 어떻게 하면 좋을까요?

잘 놀기 위해서는 일단 삶의 우선순위가 정렬되어야 합니다. 꼭 해야 하는 일이라면 미루지 말고 해야겠지요. 엄마라면 아이들을 챙겨 주고, 돌보고, 식사를 차려주는 등의 일이겠지요. 그리고 나면 자기 자신을 위한 시간을 꼭 비워 두어야 합니다. 그리고 '나라는 사람은 무엇을 할 때 재밌을까?'를 생각해 보고 떠오르는 그것을 하세요. 자신을 기분 좋게 하는 것들로 빈 시간을 촘촘하게 채우는 거지요.

가장 좋은 해결책은 내 삶의 비전을 만드는 거예요. 비전은 상상만으로도 가슴이 뛰고, 흥분되는 인생 목표입니다. 예를 들어, '청소년을 위한 재단 설립'이 나의 비전이라면 그 과정에서 해야만 하는 모든 일이 놀이처럼 즐겁고 재밌어질 거예요. 삶의 매 순간이 열정으로 가득 휩싸이게 될 테니 행복한 일벌레가 될지도 모르겠습니다.

정리하자면, 먼저 나의 사명이나 비전을 세우고, 그다음 삶의 우선순위를 정렬하기. 필요 없는 것들을 과감하게 가지치기하고 나면 분명히 24시간이 좀 더 여유로워지실 거예요. 습관이 되지 않아 자꾸 예전의 모습으로 돌아간다면 스스로 강제할 수 있는 도구들을 사용해 보세요. 매일 체크 리스트를 작성해 본다든지, 자기관리를 위한 모임에 들어가는 것도 괜찮고요. 그러고 나서 이번 주, 이번 달부터 아주 쉽고 사소한 것들을 시도해 보세요. 좋아하는 놀이가 주는 몰입과 환희의 순간으로 들어가 보세요. 삶에 스며드는 생기를 느껴 보시길 바랍니다.

자기 자신이 가장 친한 친구다

잘 놀다 보면 어느새 자기 자신이 가장 친한 친구임을 알게 됩니다. 여럿이 걸어도 좋지만 혼자 걷는 맛이 다르고, 혼자 마시는 커피 한 잔이 더 달콤할 수도 있습니다. 함께 놀아야지만 꼭 재밌는 건 아니에요. 마음이 맞는 사람이 없다면 그것도 괜찮습니다.

인도의 오쇼 라즈니쉬(Osho Rajneesh)는 "어느 누구도 그대의 공허감을 채워 줄 수 없다. 자신의 공허감과 조우遭遇해야 한다. 그걸 안고 살아가면서 받아들여야 한다."라고 말합니다. 곁에 누군가가 있더라도 인간은 본질적으로 외로울 수밖에 없습니다. 외로움은 사람으로 채울 수 있는게 아니거든요.

그렇다면 방법은 간단합니다. 내가 나의 가장 친한 친구가 되어 주면 됩니다. 저는 가끔 '여럿이 있어 참 좋다. 그런데 혼자 있으니 더 좋다'라고 생각한답니다. 내면의 친구가 원하는 것에 귀를 기울이고 기꺼이 허용해 줍니다. 말도 안 되는 소리라며 무시하지 말고 진심으로 심장의 소리를 따라가 보세요. 나의 깊은 영혼과 닿는 순간이 올 거예요.

만약 그 소리가 잘 들리지 않는다면 주변이 소란스럽기 때문입니다. 마음이 번잡한 일과와 해야 할 일들로 무겁고 지쳐 있을 거예요. 고요한 순간을 찾으세요. 내 안의 나를 고요히 들여다볼 시간도 없이 살다 보면 정신없이 수십 년이 눈 깜짝할 사이 지나가고 맙니다.

그 어떤 타인도 자기 자신보다 중요하지 않습니다. 가장 귀하고 소중한 친구는 결국 자기 자신밖에 없어요. 우리는 타인의 이야기에는 쉽게 솔깃해지고, 그들이 하는 조언에 이리저리 휘둘리곤 합니다. 타인의 인정과 욕구에 맞춰 자기 자신은 항상 뒷전으로 밀려나지요. 하지만 어느 누구도 우리의 삶을 대신 살아 줄 수는 없는 법입니다.

언젠가 아이들도 둥지를 날아가 제 둥지를 짓습니다. 배우자도 나의 가장 든든한 파트너이자 친구일 수 있습니다만 그렇다고 모든 것을 공유할 수는 없지요. 우리에게는 혼자만 간직할 수 있는 각자만의 시크릿 가든이 있잖아요. 결국 돌고 돌아 자기 자신을 마주해야 합니다. 육신이 죽을 때까지 함께 손잡고 가야 할 가장 친한 친구는 자기 자신이지요. 그와 함께 잘 지내 보세요. 가족도, 친구도 주지 못했던 충만한 순간을 경험할 수 있을 거예요.

진짜 어른 공부

『논어』 위정편에서 공자는 마흔을 빗대어 불혹不惑이라고 말합니다. 그 어떤 미혹에도 흔들리지 않는다는 뜻입니다. 하지만 마흔이 되어도 흔들리지 않는 사람이 몇이나 될는지요. 저 역시도 결혼해서 서른 중반까지 육아와 직장생활로 나이도 잊은 채 그야말로 정신없이 살았습니다. 반복되는 매일의 삶 속에서 '생각'이란 것을 하고 말고 할 겨를도 없었던 것 같아요.

어느 날 퇴근 시간과 맞물려 무지막지하게 붐비는 지하철을 타게 되었습니다. 잔뜩 구겨진 채로 사람들에 휩쓸리지 않으려 온몸에 힘을 잔뜩 주고 있었어요. 얼굴 가까이 이름 모를 타인이 내뿜는 뜨거운 호흡은 불편했고 몸은 뻐근해지기 시작했지요. 갑자기 정신이 아득해지면서 내 삶도 이와 다를 바가 없다는 자각이 들었습니다.

'지금 어디로 가고 있는 걸까. 도대체 나는 어디에 있는 걸까. 목적지에서 내릴 수는 있을까?' 하는 의문이 들더군요. 사실, 목적지가 어딘지도 잘 모르는 것 같았어요.

나라는 사람이 완벽히 낯선 타인처럼 느껴졌습니다. '나는 누구지? 나는 왜 지금 여기에 있지? 앞으로 뭘 어쩌자는 거야?' 갑자기 암전된 것처럼 머리가 아득해지고 아무 답도 내릴 수가 없었습니다. 어쩌면 '나'는 '나'라는 사람에 대해 그리 궁금하지도 않았던 것 같아요. 환경과 타인에 순응하며 현실이라는 틀에 그저 나를 맞추며 살고 있었을 뿐이었지요.

붐비는 지하철 안에서 찰나의 순간, 이젠 브레이크를 잡아야겠다는 생각이 들었습니다. '내가 원하는 경험을 하고, 배우고, 되고 싶고, 하고 싶은 일을 해야겠다, 이렇게 열심히 살았는데 이젠 그래도 괜찮을 것 같다'라는 생각도 들었습니다.

삶의 안전지대에서 나오는 것은 사실 쉽지 않았지만, 그날의 그 결심 이후로 많은 일이 펼쳐졌습니다. 20년이 넘게 해오던 교사 생활을 그만두고, 작가이자 코치, 재무 컨설턴트로서의 삶을 시작했습니다. 꼭 필요한 것들만 남겨 두고 가지고 있던 많은 것들을 처분하거나 정리했고요.

내일 당장 떠나도 아이들에게 부끄럽지 않을 공간만 남겨 두고 나니 몸도 마음도 가벼워졌습니다. 덜컹거리던 부부관계도 매듭짓고, 스스로가 자신의 가장 좋은 친구가 되어 주었지요. 관계에 더 이상 연연하지도 않으니, 내면의 고요함에 더 자주 머물게 되었습니다. 공자가 말한 것처럼 불혹이 되고, 지천명이 되고, 이순이 되어 상수의 삶을 누리려면 누군가가 원하는 사람이 아니라 내가 되고 싶은 삶을 살아야 합니다.

우리는 어렸을 때부터 다른 사람의 인정을 목숨처럼 여기고 살아갑니다. 어른들은 말 잘 듣는 아이를 원하고, 아이들은 버림받지 않기 위해 어른의 말에 순응합니다. 타인의 인정을 받기 위해 자기 내면의 목소리를 억압한 아이들은 어른이 되어서도 인정을 갈망하는 삶을 살게 됩니다.

진짜 어른은 타인의 인정과 칭찬에 더는 흔들리지 않습니다. 상황에 따라 정정당당하게 자신의 것을 요구할 수 있고, 자기 생각도 완곡하게 표현할 수 있습니다. 무리한 요구는 부드럽게 거절할 수도 있습니다. 자기가 누군지 분명하게 알고 있기 때문에 자기만의 방식으로 삶을 살아내는 사람이 진짜 어른입니다.

그렇게 되기 위해서는 어른들도 그들을 위한 진짜 배움을 늦기 전에 시작해야 합니다. 아이들에게는 끊임없이 '공부해라,

숙제해라, 학원가라, 학습지 풀어라.'라고 말하면서 정작 자신의 공부를 하고 있는 어른은 많지 않은 것 같습니다.

내가 누구인지? 어떻게 살아야 하는지? 무엇을 위해 헌신해야 하는지? 나에게는 어떤 비전과 꿈이 있는지? 학교에서는 알려 주지 않았던 것들을 이젠 스스로 찾아가야 합니다. 그러한 물음에 답하기 위해서 기꺼이 자신을 낯선 경험으로 밀어 넣고, 새로운 지식을 배우고, 책을 읽으면서 의식을 확장해 나가야 하는 것이지요.

'지금은 이미 늦었어, 시간이 없는걸, 하루하루가 너무 바빠, 그걸 알게 되면 뭐가 달라지는데? 돈 버는 거 아니면 관심 없어.'라고 생각한다면 마흔이 되어 저처럼 마구마구 흔들리게 될지도 모릅니다. 삶에 있어 가장 중요한 물음에 답할 수 있게 된다면 이후의 삶은 매우 간단해집니다. 내비게이션에 목적지를 찍으면 결국 어떤 방향으로 가든 도착한다는 것을 우리는 알고 있지 않습니까. 삶의 북극성이 되는 질문에 꼭 답을 찾아야 하는 이유입니다.

인생에 늦은 때란 없다

모지스 할머니는 76세의 늦은 나이에 그림을 그려 101세까지 무려 1,600여 점의 작품을 남긴 미국의 대표적인 국민 화가입니다. 저는 그림보다 책을 통해 그녀를 먼저 알게 되었어요. 모지스 할머니의 자전적 이야기를 담은 『인생에서 너무 늦은 때란 없습니다』라는 책에는 여러 작품도 함께 수록되었는데요, 순수하고 밝은 그림들을 보며 마음이 치유되는 느낌을 받곤 했습니다. 이후 그녀의 그림은 저의 집 냉장고, 벽면의 일부를 차지하게 되었답니다.

사실 이전까지 할머니의 삶은 순탄치 않았습니다. 1860년 스코틀랜드와 아일랜드계 이민자 부모 사이에서 태어나 어려운 가정 형편에서 자랐어요. 열 명의 아이를 낳고 기르고 가정을 돌보느라 좋아하는 미술을 시작할 엄두를 낼 수가 없었습니다. 그러다 자녀를 모두 결혼시키고 나서야 붓을 들었다고 하네요. 미술을 정식으로 배운 적이 없었지만 자기만의 방식으로 그림을 그렸어요. 모지스 할머니는 말합니다.

"나는 행복했고, 만족했으며, 이보다 더 좋은 삶을 알지 못합니다. 삶이 내게 준 것들로 나는 최고의 삶을 만들었어요. 결국 삶이란 우리가 만들어 가는 것이니까요. 언제나 그래 왔고, 또 언제까지나 그럴 겁니다." 그리고 정말 하고 싶은 일을 하라고 합니다. 그럴 때 비로소 나이와 상관없이 신이 기뻐하며 성공의 문을 열어 줄 거라고 말이지요. 모지스 할머니야말로 삶이 준 것들을 기꺼이 받아들이고, 그 속에서 스스로 최고의 삶을 만들어 냈던 거지요.

모지스 할머니를 통해 삶이 우리에게 전해 주는 메시지는 분명합니다. 어떤 순간이라도 자신이 하고 싶은 걸 기쁘게 하라고 말입니다. 실제로 그녀는 평생 몸소 실천하며 살았어요. 낯선 땅으로 이주해 남편이 경제적으로 힘들어하자, 자신이 잘 만드는 치즈를 판매해 가정에 힘을 보태었고, 딸기잼을 만들어 동네 전시회에 출품하기도 했지요. 남편과 아이들을 먼저 떠나보내고 나서는 자수를 했답니다. 관절염으로 더 이상 바느질을 할 수 없게 되자 대신 물감과 붓을 들고 그림을 그리기 시작했고요. 매 순간 그녀는 낙담하지 않습니다. 고통스러운 순간에도 그것에 매몰되어 환경이나 남을 탓하지 않았어요. 어떤 순간이라도 자신이 할 수 있는 것을 찾았고 그 속에서 행복을 만들었지요.

인생에 늦은 때란 없습니다. '에이 벌써 내일모레면 쉰인데요?'라고 생각하시나요? '아이들 대학 보내고 나면 환갑이에요. 뭘 다시 시작하려니 엄두가 나지 않아요.', '지금 하고 싶은 걸 찾아 봤자 뭘 하겠어요. 그냥 여행이나 다닐래요.' 이렇게 말하는 사람들도 종종 있습니다. 하지만 마흔에 영어 공부를 시작한다면 은퇴 후 배낭여행을 떠나게 될지도 모릅니다. 육십에 기타를 배우기 시작했다면 2년이면 좋아하는 곡을 능숙하게 연주할 수 있게 될 테고요.

제 지인 중에서도 취미로 꾸준히 그림을 그리다 아이들이 대학에 가고 나서 본격적으로 다시 시작하신 분도 있습니다. 일흔이 다 되어가지만 벌써 개인 전시회를 세 번이나 하셨답니다. 은퇴 이후, 아내를 돕기 위해 시작한 요리에 소질이 있음을 알게 되어 한식, 중식, 양식조리사 자격증을 따신 분도 계시고요.

엄마도, 아빠도 가슴에 품은 꿈이 있다면 절대 포기하지 마세요. 지금 당장 환경이 여의찮더라도, 놓지만 않는다면 언젠가 적절한 때라는 것은 누구에게나 오게 마련입니다. 그걸 삶의 등대로 삼는다면 희망의 빛이 현재의 고단한 삶을 녹여 줄지도 모르고요. 그저 즐기면서 하루하루 최선을 다하다 보면 상상하지 못한 미래가 펼쳐질지도 모를 일입니다. 인생은 장담할 수 없는 거니까요.

오늘이 마지막 날이라면

2007년 모건 프리먼과 잭 니컬스가 주연한 『버킷리스트』라는 영화가 있습니다. 부자와 가난한 자동차 정비공이 시한부 판정을 받자 버킷리스트를 만듭니다. 그러곤 죽기 전에 하나씩 실행해 나갑니다. 버킷리스트는 사람이 죽기 전에 꼭 이루고 싶은 것들을 적은 리스트를 말하는데요, 과거 사형이나 자살을 위해 목에 줄을 감고 양동이 위에 올라가 양동이를 걷어찼다는 '킥 더 버킷(Kick the bucket)'이라는 말에서 유래되었다고 합니다. 영화가 개봉된 후 버킷리스트라는 말이 유행처럼 번졌지요.

버킷리스트라는 말은 '죽음'과 매우 밀접관 연관이 있습니다. '죽기 전'에 내가 하고 싶은 '꿈 목록'이니 말입니다. 모든 사람에게는 탄생에서 죽음까지 정해진 시간의 몫이 있습니다. 태어난 사주를 갖고 자신의 인생을 점치기도 하지만 누군가의 죽음을 예측하기란 어렵습니다. 젊은이는 자신의 시간이 충분하다는 어리석음에 빠지기 쉽고, 늙은이는 자신에게 시간이 얼마 남지 않았다는 사실에 초조해지지요.

만약 자신에게 남은 시간이 얼마 없다면 어떤 결정을 내리게 될까요? 남은 인생이 좀 더 명확하게 보일지도 모르겠습니다. 어영부영 시간을 낭비하다가 아무것도 하지 못한 채 흐지부지 끝날 수도 있기 때문이지요. 인간은 천년만년 살 수 없습니다. 길어야 백 년입니다. 그렇다면 우리의 생은 어떻게 살아야 할까요? 버킷리스트의 마지막 장면이 인상적이었습니다. 피라미드가 내려다보이는 높은 곳에 앉아 모건 프리먼이 묻습니다.

천국에 가면 하느님이 두 가지를 묻는다네.

그것이 무엇인지 아나?

하나는 당신의 삶을 기쁨으로 채웠는가?

또 다른 하나는 타인의 삶을 기쁘게 했는가? 라고 하네.

기쁘고 행복한 일로 자신과 주변을 채워 보세요. 그러기 위해서는 내가 누군지, 어떤 것을 좋아하며, 무엇을 할 때 행복한지 자신에게 끊임없이 질문을 던져야 합니다.

부모가 그리 살 때 아이들도 그렇게 될 확률이 높아집니다. 아이들은 부모의 행복과 매우 밀접하게 연결되어 있습니다. 행복한 부모를 보고 자란 아이들은 자신의 행복과 기쁨을 당연하게 여깁니다. 당당하게 자신이 원하는 것을 요구할 줄도 알고, 자신을 기쁘게 하는 것을 선택합니다. 칭찬하는 말에 손사래를 치는 대신 겸허한 감사를 할 줄 알고, 자신의 실수에도 자책하지 않고 너그럽게 스스로 보듬을 줄 압니다.

누구나 자신의 아이가 이렇게 행복한 사람이 되기를 간절히 바랍니다. 그렇다면 그 이전에 부모인 내가 얼마나 행복한지 돌아보세요. 아이에게 얼마나 자주 행복한 미소를 보내는지도 살펴보세요. 억지 미소라도 매일 연습하다보면 어느 순간 자연스러운 순간이 올지도 모르겠습니다. 아이는 부모의 얼굴을 보며 자란다는 것을 꼭 기억하시고요.

조건 없는 사랑

생각해 보면 준비하지 않은 채, 어느 날 갑자기 엄마라는 타이틀을 달게 되었던 것 같습니다. 아이에게 엄마란 어떤 존재이고, 어떤 엄마가 되어야 하고, 아이에게 어떤 걸 주어야 하는지 모른 채 아이들을 키웠던 거지요. 그래도 아이들은 제 엄마라고 저에게 참으로 많은 사랑을 주었더랬지요.

학교에서 만난 아이들도 마찬가지입니다. 저라는 존재 자체에 어마어마한 관심과 사랑을 보내 주었지요. 제가 딱히 더잘나거나 더 예뻐서 그런 건 아닐 거예요. 그냥 자기 선생님이니까 좋은 거지요.

어른들은 제 자식을 눈에 넣어도 아프지 않다고 말하지만, 시험을 백 점 받지 못하면 냉정하고 쌀쌀맞게 굽니다. 옆집 자식보다 우리 아이가 못나 보이면 비교하는 말로 아이 마음에 대못을 박지요. 부모가 원하는 좋은 대학에 보내기 위해 아이가 정녕 무엇을 원하고 하고 싶은지 구태여 알려고 하지 않습니다. '다 널 위해 이러는 거야'라는 말로 아이들의 입을 다물게 할 때도 많고요.

사랑하는 방법에 있어서는 부모들이 아이들에게 배워야 할 것 같습니다. '무엇을 하면 내가 인정하겠다, 무엇이 되면 너를 사랑하겠다, 무엇을 가진다면 너를 존중하겠다'라는 조건부 사랑이 아니라 있는 그대로의 모습을 사랑하는, 조건 없는 마음 말이지요. 그리고 내가 사랑했던 방식들이 과연 옳은 것인지 의심해 보아야 합니다.

내가 사랑하는 방식이 아이들도 원하는 것인가?

나는 과연 어떤 방식으로 아이들을 사랑하고 있는가?

내 사랑에는 전제나 조건이 있지는 않은가?

아이에 대한 나의 신념은 어디에서 온 것일까?

아이를 훈육하는 나의 방식이 진실로 옳은가?

아이에게 하는 말들이 정말로 아이를 위한 것인가?

나는 조건 없이 아이를 사랑하고 있는가?

위의 질문들에 답을 하다 보면 저 역시도 아이들보다 저의 욕심과 체면이 중요했던 순간들이 많았습니다. 나름 공부 좀 하던 큰아이가 수능에서 원하는 만큼의 점수를 받지 못하자 무척이나 속상하더군요. 아이보다 제 슬픔이 더 커서 아이는 눈에 들어올 겨를이 없었습니다. 이미 벌어진 일을 가지고 아이에게 뭐라 한들 아무 소용 없음을 알지만, 자꾸 아이를 탓하고만 싶어졌지요.

그러다 정신을 차리고 나니 풀이 죽어 제 방에서 나오지 않는 아이가 보이기 시작했습니다. '아, 좋은 대학에 보내고 싶은 나의 알량한 마음이 아이를 위한 게 아니라 다 내 욕심이었구나. 내 슬픔에 빠져 정작 힘든 아이를 돌보지 못했구나.' 그제야 아이를 위로하고 앞으로 어떻게 할지 현실적인 고민을 함께 나누기 시작했습니다. 아이만도 못한 제 모습을 보며 미안한 마음이 들었지요.

끊임없이 부모인 나에게, 어른인 나에게 물어야 합니다. 조건 없는 사랑으로 아이 곁을 언제나 지켜 주고 있는지 말입니다. 있는 그대로 아이 모습을 사랑하다 보면 아이 안에 원래 내재해 있는 위대함을 만나게 됩니다. 모두가 타고난 재능과 소질, 삶에 대한 뜨거운 열정과 배움을 지니고 있음을 알게 되지요. 아이의 위대함을 따라 가면 언젠가 깨닫게 될지도 모르겠습니다. 누군가를 조건 없이 사랑한다는 건 결국 자신을 조건 없이 사랑한다는 것과 같은 말이었음을.

모든 인연을 사랑하기

심리학자이자 진로 선택 이론으로 유명한 존 크럼볼츠 (John D. Krumboltz)는 성공하는 사람들의 경력과 진로는 80% 의 예기치 못한 우연으로 발생한다고 말합니다. 인생은 항상 뜻하지 않는 방향으로 흘러가는데, 그 안에서 행운을 발견하고 자신만의 행복을 만들어 가는 것은 개인의 몫이라고 말이지요. 이를 계획된 우연이라고 부른답니다.

계획된 우연을 점점이 잇는 것은 결국 사람이라는 생각이 듭니다. 거시적으로는 계획이란 걸 하지만 미시적으로는 우연을 가장한 인연이 우리를 전혀 새로운 곳으로 데려다 놓으니까요. 목표는 거대한 방향성일 뿐, 의도치 않은 만남들이 현재의 '나'로 이끈 것 같다는 느낌이 들곤 합니다.

관계만큼 삶에 지대한 영향을 미치는 건 없는 것 같습니다.

바락바락 혼자임을 자처하지만, 사람은 사람을 통해 치유되기도 하고, 그들을 통해 중요한 교훈을 얻기도 하거든요. 저 역시도 언제나 적절한 순간에 사람이 나타났고, 그들 덕분에 인생의 변곡점을 맞이할 수 있었습니다.

모든 관계가 언제나 좋을 수만은 없습니다. 철학자 사르트르는 극단적으로 '타인은 지옥이다'라고까지 말했습니다만, 그러한 지옥을 제대로 경험했다면 우리는 삶에서 가장 필요한 배움을 얻는 영광을 누릴 수도 있습니다. 나쁜 관계든, 좋은 관계든 그 자체로 삶의 지혜를 얻을 수 있고 그렇게 인간은 완성되어 가겠지요.

그렇다면 인연에 대해 우리는 어떤 자세를 갖는 것이 좋을까요? 일단, 만나는 모든 사람을 긍정적으로 바라보려고 노력해야 합니다. 좋은 점은 당연히 보고 배워야 하겠지만, 단점이 있다면 그마저도 우리를 비추는 맑은 거울이 될 수 있습니다.

다음으로 인연을 귀하고 소중하게 여겨야 합니다. 다시는 만나지 않을 관계라도 만나는 순간에는 진심을 다해 마주해야 합니다. 그리고 그 만남에 대해 감사하는 마음을 가져야지요. '이렇게 만나게 되어 감사하다. 진심으로 저 사람이 행복하기를 바란다.'라는 마음은 아름다운 선순환의 고리가 됩니다.

마지막으로는 집착하면 안 됩니다. 오는 인연은 막지 말고, 가는 인연 잡지 말라는 말이 있지요. 아지랑이 이는 봄날이면 기다렸다는 듯이 꽃들이 망울을 터뜨립니다. 언제나 최선을 다해 꽃을 피우지만, 변덕스러운 날씨를 탓하는 법은 없습니다. 우리도 역시 매 순간 온 마음을 다하면 될 일입니다.

　그러고 보면 그 모든 인연에 더해 가족은 좀 더 특별한 것 같습니다. 부모도, 배우자도, 아이도 돌이켜보면 나라는 사람을 성숙시키고, 나아가게 하고, 돌아보게 하는 존재들이거든요. 아이를 낳고 키우는 것 역시 놀랍고 경이로운 경험입니다. 만약 제 삶에서 아이들이 없었다면 어땠을까요? 도무지 상상할 수가 없네요. 지금의 저는 아마 없었을 테지요. 진짜 사랑이 무엇인지도 모른 채 살았을지도 모르겠어요.

　내 아이만큼 귀한 인연은 없답니다. 아이는 엄마를 있는 그대로 비춰 주는 거울입니다. 그리고 어떤 모습이든지, 엄마를 있는 그대로 사랑하지요. 그들에게서 조건없는 사랑을 배우세요. 그렇게 차츰차츰 나아가다보면 자기 자신을 온전히 사랑하는 순간을 맞이할지도 모르겠습니다. 어쩌면 아이는 엄마와 천국을 연결하는 진짜 수호천사인지도 모르겠네요.

"우리가 궁극적으로 배워야 할 것은
타인뿐만 아니라 자신까지 포함하는
무조건적인 사랑입니다."

엘리자베스 쿠플러 로스(Elizabeth Kübler-Ross)